韓国軍と集団的自衛権

裵淵弘

ベトナム戦争から対テロ戦争へ

旬報社

はじめに

日本政府が「日米防衛協力のための指針」（ガイドライン）の改定と安保関連法の整備を急いだ背景には、核開発やミサイル発射実験を繰り返す北朝鮮に加え、軍事力を増強し続ける中国の存在がある。中国の台頭でアジア太平洋地域に軸足を移す「リバランス」（再均衡）政策を進めるオバマ政権と、「戦後レジームからの脱却」を目指す安倍政権の利害が一致し、集団的自衛権の枠組みを広げる安保体制が一気呵成に作り上げられた。米国は日本の安全保障に引き続き関与する一方で、多国籍軍における自衛隊の後方支援の拡大にも期待している。両軍の統合司令部を設置して自衛隊と米軍の一体的運用を進め、日米同盟を世界規模で機能させたい考えだ。一連の法改正で可能になった集団的自衛権の実態とは、自衛隊と米軍の一体化に他ならない。

専守防衛に徹してきた従来の自衛の考え方を改め、「他衛」のため、他国への攻撃の道が開かれた日本が行き着く先はどこにあるのか。憲法九条の歯止めがあるとはいえ、この日本と極めて似た構造を持つ国がある。日本同様、戦後一貫して米軍が駐留してきた韓国だ。すでに韓国は、集団的自衛権の名のもと、米軍支援のための戦闘部隊を派遣した経験がある。泥沼のゲリラ戦の果てに撤退を余儀なくされたベトナム戦争への派兵だ。朝鮮戦争休戦後も南北が対峙する中、米軍の「関与」をつなぎとめるため、自国となんの関係もないベトナムに延べ三〇万人を超す兵士を送り込み、今も消えない大きな傷跡を残した。

ベトナム戦争の教訓から、韓国政府は戦闘部隊の海外派遣に慎重になったが、米軍の関与なしに自国の安全保障を維持できない事情は、半世紀前の派兵当時と変わらない。米同時多発テロから始まる対テロ戦争でも、米国を積極的に支援し続けている。今後、自衛隊の後方支援が拡大すれば、より貢献度の高い戦闘部隊の派遣も現実味を帯びてくる。と同時に、日米同盟及び米韓同盟の枠を超えた日米韓の軍事一体化も視野に入ってきそうだ。在韓米軍司令官が戦時作戦指揮権を握る「米韓連合司令部」の存在は、韓国軍が米軍指揮下の多国籍軍であることを示唆するが、自衛隊と在日米軍にも同じ統合司令部が用意される可能性がある。そして、自国の安全保障を米国に委ねる以上、同盟の重さに見合う犠牲が求められる日が必ず訪れる。

韓国軍で起きてきたことは、今後の自衛隊にも想定される。しかし、日米同盟を前提にした米軍との連携強化は、自衛隊の任務拡大に伴う隊員のリスクにまで議論は深まっていない。韓国軍はベトナム派兵で五〇〇〇人近い戦死者と一万人以上の負傷者、そして数万人の枯れ葉剤被害者を出す大きな犠牲を払った。そのうえ兵士たちは、戦場での民間人虐殺の疑いまで持たれるようになった。国家のために見知らぬ外国で戦った兵士たちの多くが、二年に満たない戦争経験に、今も悩まされ続けているのが現実だ。

本書では、ベトナムに派遣された韓国軍帰還兵に枯れ葉剤被害が多発した背景とともに、朴正熙政権下で行なわれたベトナム派兵が、米国の関与をつなぎとめるための苦渋の決断だった実態を探り、そのうえで民家人虐殺や兵士の心の病など、戦場に送り込まれた兵士に襲いかかる問題に焦点を当てた。さらに、対テロ戦争における韓国軍の海外派遣を兵士の視点で見直し、自衛隊員にも共通する海外派兵のリスクを明らかにしていく。

中　国
ディエンビエンフー
ハノイ
トンキン湾
ラオス
海南島
ビエンチャン
北緯17度線
フエ
ダナン
タ　イ
クアンナム省
クアンガイ省
ビンディン省
クイニョン
バンコク
フーイエン省
カンボジア
カムラン
プノンペン
サイゴン（ホーチミン市）
0
300km
1/2,220,300

第1章　今も続く枯れ葉剤被害

ベトナムで失った人生

「飛行機からばら撒かれていたのが、そんなものだとも知らず……。帰国して、三、四年はなんの問題もなく、暮らしていたけれど、そのうち痛みが出てくるようになった。ある日、梯子の上で突然気を失い……転げ落ちてしまった。それから気を失い、病院に三年入院していた。それで頭の半分がこんなふうにへこんでしまった」

ほとんど寝たきりの状態にある韓国軍ベトナム帰還兵の金泰根（キム　テグン）氏（七四歳）が、言葉を選びながら、懸命に話しかけてきた。梯子から転げ落ちた四〇年前の事故で床に頭を強くぶつけ、頭の左半分に窪みが残った。その時の後遺症で呂律が回らないのか、しゃべるのが辛そうだ。ソウル北東にある古いアパート団地で一人暮らしをする彼は、循環器系や皮膚病などさまざまな疾患をかかえているうえ、片足も動かなくなり、身体障害者としての不

枯れ葉剤後遺症に苦しむベトナム戦争参戦元兵士の金泰根

自由な生活を続けてきた。妻には先立たれ、子どもたちも滅多に訪ねて来ない。取材に訪ねた私に自分の症状を説明する時、苦痛に満ちた彼の目は藁をもすがるように弱々しく見えた。

「あの飛行機」からばら撒かれたのは、米軍の枯れ葉剤だった。金氏がベトナム戦争に派遣されたのは一九六五年一〇月。韓国陸軍首都師団をベトナム派兵用に再編成した「猛虎部隊」の第一陣として現地入りした。韓国がベトナムに派遣した最初期の戦闘部隊である。

彼は南ベトナム中部にあった軍港クイニョンに駐屯していた同部隊歩兵司令部の輸送部に所属する運転兵だった。そこで二年余り運転を続けた後、サイゴン（現ホーチミン市）の駐ベトナム韓国軍司令部に配置変えとなり、一九六八年一二月に帰国して兵役を終えた。クイニョンから内陸三〇キロほどの場所にいた時に浴びた枯れ葉剤が、二〇代後半のがっしりした彼の体を徐々に蝕むことになった。

米軍機から散布されていた枯れ葉剤を、人体にあまり害のない農薬だと思い込んでいた金氏は、当時の様子をこう語る。

「各部隊別に作戦命令が出されると、ベトナム人たちが攻撃してくることがあるから……。彼らは軍隊のように攻撃部隊があるのではなくて、私兵で銃を持って隠れていて、いつどこで攻撃してくるか分からないんだ。だから飛行機から薬を撒いたんだろう。飛行機がばら撒いているのを直接見ることがなくても、（空中に白く漂う）薬が見えた。当時はそんなに恐ろしい薬だなんて、誰も思っていなかった。遠くのほうで撒かれていたし……。だけど風で（私たちのいた所まで）漂ってきた。私たちがいた猛虎部隊第一師団と第二師団で、それを浴びた人はたくさんいる。彼らはその後、死んだ人のほうが多いけど……、（生き残った人はソウルの）報勲病院に集められて治療を受けることになったんです。人間というより（もはや）獣のようなものだった」

悲惨な死に方をした無数の戦友を、金氏は彼自身も通院する報勲病院で見てきたという。いずれも枯れ葉剤の後遺症で、彼らに比べれば自分の病気など軽いと気休めのようなことを言った。

金氏の証言によれば、枯れ葉剤はクイニョン近郊で毎月四回から五回撒かれていた。ゲリラ兵が潜む密林を丸裸にし、現地の戦場に投入された韓国軍の兵力損失をできるだけ防ぐためだった。金氏は除隊後、知人の経営者の勧めで、韓国南東部の工業都市、蔚山の自動車工場からソウルに新車を搬送する業務を任され、運送トラック一八台を管理する責任者として働いた。軍隊での経験を活かし、業績を確実に伸ばしていく。ところが、数年後に体に痛みが出だし、目眩が頻繁に起きるようになった。そして梯子の上で作業をしている時に脳梗塞で突然気を失い、落下した。原因は分からないが、思い当たることと言えばベトナムで浴びた枯れ葉剤しかない。

韓国で枯れ葉剤の後遺症が認められるようになるのは、事故から二〇年が過ぎた一九九〇年代に入ってからだ。後に金氏も枯れ葉剤の後遺症の疑いがあると認められ、政府の支援を受けることができるようになった。といっても、五〇〇〇円の家賃で住める古びたアパート、介護ヘルパー、そして月六万円に満たない生活支援金しか出ない。

「私より症状が軽い人は三六万ウォン（約三万六〇〇〇円）しかもらえない。重い人は八六万ウォン（約八万六〇〇〇円）だったっけ。フー、息が苦しくてうまく話せない……。自分がなにをしているのか分からなくなることがよくある。あなたが訪ねた戦友会の事務所だって、事務所ができただけの話で、なんの助けにもならない。ただ生きていくことが、なんでこんなに辛いのか分からない……」

ベッドで寝たきりになっている彼の横で、私は黙って話を聞いていた。徴兵制の敷かれる韓国で、国のために戦地に赴き、重い障害を抱えることになった彼が、何を訴えようとしているのか、しっかり聞いてあげたかった。だが彼は、自分の人生を台無しにした徴兵そのものを恨んでいるわけではなかった。

忠清北道出身の金氏は、陸軍に入隊するとすぐ江原道洪川にある部隊に送られ、四カ月の新兵訓練を受けた。そこはベトナム戦争のための訓練所だったのだが、まさか自分がベトナムに送られるとは夢にも思わなかったという。訓練が終わると出発二日前にベトナムのクイニョンに向け出発することを知らされ、家族に別れを告げるように言い渡される。そこが戦場であろうがなかろうが、軍隊生活であることに変わりはないと深刻に受け止めなかったという。人権など後回しにされた軍事政権時代だったこともあり、国に言われたとおりにするのが当たり前だと多くの人が考えていた。

だが今は、国の有様も大きく変わった。高度経済成長を遂げた韓国社会から見捨てられた障害者として半世紀を生き続け、彼の国家への忠誠心は揺らいでいる。

「私たちは軍のためにベトナムに行って、帰ってきたのに、政府はなにもしてくれなかった。当時は（韓国には）高速道路もなかった。私たちが行ったから高速道路だってできたんじゃな

枯葉剤戦友会

いか。（私たちは）朴正熙（パク　チョンヒ）大統領と国家のために身を捧げたようなものだ。今は彼の娘が大統領をしているけど、確かに政府の支援もあるけど、これほどの苦痛を強いられ、飛行機や手榴弾のようなものでやられたことに対し、しっかり目をあけて助けるべきなのに、そうなっていない……」

枯れ葉剤戦友会

枯れ葉剤後遺症の患者を探していた私に金氏を紹介してくれたのは、彼が「なんの助けにもならない」と愚痴をこぼした「大韓民国枯れ葉剤戦友会」だった。大法院（最高裁）や大検察庁など、国の中枢機関が集まるソウル瑞草区の雑居ビルに事務所がある戦友会本部を訪ねたのは、その一週間ほど前の二〇一五年夏。ビルの一階からエレベーターに乗ろうとすると、迷彩色の軍服を着た二人の老人に制止され、上階の事務所とトランシーバーで私の身元を確認し、ようやく立ち入りを許可された。

本部事務所で働いていた三〇人ほどの職員も、迷彩色の軍服を着た高齢者ばかりで、まるで街宣右翼の根城のような異様な雰囲気だ。インタビューに応じた戦友会の金成旭（キム ソンウク）事務総長（六九歳）によると、彼らの平均年齢は六八歳。福利厚生も兼ね、後遺症のあるベトナム参戦兵士を積極的に雇用し、今も戦闘中であるとの思いを込め軍服を着ているのだという。今も続く彼らの戦闘とは、どうやら韓国内で起きているようだ。

戦友会の結成は一九九一年に遡るが、決して平坦な道のりではなかった。ソウルオリンピックが行なわれた八〇年代末、飲食店を経営していた元海兵隊員の李亨揆（イ ヒョンギュ）氏の体に異変が生じ、闘病の末、咽頭がんと診断され声帯切除の手術を受けた。病気で店も売り渡し、途方に暮れていた李氏のもとに、オーストラリアに移住したベトナム時代の戦友からある報せが届く。現地で放映されたテレビのドキュメンタリー番組で、オーストラリアから参戦したベトナム帰還兵が苦しむ病気の原因が、米軍が散布した枯れ葉剤だと報じられたという。当時、韓国では枯れ葉剤の後遺症についてまったく知られていなかった。病気に罹る戦友が多いことを怪訝に思っていた李氏は、闘病を続ける友人らに呼びかけ、五〇人ほどの元海兵隊員で枯れ葉剤対策本部を発足させた。

その後、陸軍のベトナム帰還兵らも合流し、ソウル都心や国防部（省）前で「アスファルトデモ」と呼ばれる街頭デモを繰り返し、被害の実態と真相究明を訴え続けた。国防部もベトナム戦争で米軍が枯れ葉剤を散布していたことを認めざるをえなくなったが、対策はなにも講じられなかった。流れを変えたのは、当時の大統領候補、金泳三（キム　ヨンサム）だった。「大統領に当選したら枯れ葉剤支援法を作る」と公約した彼は、大統領就任直後の一九九三年三月、「越南参戦枯れ葉剤後遺疑症患者支援などに関する法律」を公布させた。

李氏らの枯れ葉剤対策本部は、一九九七年に主務官庁の国家報勲処（庁）に非営利社団法人と認められ、名を「越南枯れ葉剤後遺症戦友会」に改める。その二年後、南北休戦ラインの非武装地帯（ＤＭＺ）でも米軍が六七年から七〇年にかけ枯れ葉剤を散布していたことが分かり、同時期に隣接地域に配置されていた被害軍人にも支援法が適用されるようになり、二〇〇五年に現在の大韓民国枯れ葉剤戦友会に改称した。〇七年には「国家有功者礼遇および支援に関する法律」を適用されて法定団体に昇格し、一六市道すべてに事務所を構え、全国二一七支部に一二万人を超える会員を抱える有力な保守団体になっている。

一九九三年に成立した支援法の名称にある「後遺疑症」は、後遺症の疑いがある症状のことを指し、明確な後遺症患者と区別して支援するため作られた用語だ。韓国に先立ち九一年から米国内の二五万人に及ぶ枯れ葉剤被害者の疫学調査をした米国立科学アカデミーの被害認定基準を踏襲し、関連が明らかになった一〇種の疾病を後遺症に、直接の因果関係は不明だが後遺症と疑われる一一種の疾病を後遺疑症とした（その後の二〇一一年の法律改定により後遺症一八種、後遺疑症一九種に拡大）。後遺症に認定されれば治療費が全額免除（報勲病院利用時）され、重度の等級により、月額で約三万五〇〇〇円から最高で約四〇万円の補償金および子弟学資金支援など、国家有功者に準じる恩恵を与えられるようになった。後遺疑症も〇三年から治療費の全額免除が可能となったが、三～六万円の手当てが出されるに過ぎず、補償にはかなりの差が出る。

二〇一五年三月現在の統計では、後遺症五万八八五人、後遺疑症八万九一四七人、遺伝で罹患した子の数一〇一人を合わすと、なんらかの形で後遺症に苦しむ人は一四万一三三人に達する。後遺症の疾病で最も多いのは糖尿病（二万四一四人）で、末梢神経病（四一八五人）、肺癌（一七一三人）と続く。また、後遺疑症は症状により高度、中度、軽度の三段階に分けられ、ここでも手当に差が出る。冒頭で紹介した金泰根氏は後遺疑症の中度と判定され、補償額にはとても納得できないと訴えていた。金氏によると、疑症で高度の患者は一人で五つくらいの症状を抱えているらしく、後遺症に認定された患者より重篤な人も多いという。また、親から遺伝で罹患した子の数は、社会的差別を避けるため表に出ないだけで、実際は桁違いの数になるらしい。

それにしても一四万人という数字は尋常ではない。一九六四年七月の派兵決定から七三年三月の撤兵までの八年八カ月間にベトナムに送り込まれた韓国兵は実質二五万三〇〇〇人になり、今も生存するのは一九万人。症状に差があり、因果関係が不明瞭な部分があるとはいえ、参戦兵士の六割近くが枯れ葉剤の被害を受けたことになる。疑症患者を除いた場合でも二割を超し、比率のうえで米兵の被害を上回る。しかも除隊後に病死した約六万人の死因も疑わざるをえない。ベトナムでいったい何が起きていたのか。

エージェント・オレンジ

一九六一年初めに就任した米国のケネディ大統領は、内戦状態に陥ったベトナム共和国（南ベトナム）での共産主義勢力の浸透を防ぐために軍事支援の増強を決め、ゴ・ジン・ジェム大統領の要請を受けるかたちで、密林に潜むゲリラ勢力を掃討する除草剤の散布を行なう「オペレーション・ランチハンド」（牧場夫作戦）の開始を承認した。耕地に農薬を撒くくらいの気楽な作戦名である。米軍が作戦を直接遂行するのは翌六二年からで、七一年までのおよそ一〇年間に南ベトナム全土の一二％にばら撒かれた。米空軍輸送機C－123に搭載された特殊な高圧タンクからパイプを左右の翼に伸ばし、低空飛行で直進しながら、見通しのきかない密林にくまなく噴射していった。場所によってはヘリで行なわれることもあったという。

ランチハンド作戦で最も多く使われたのが「エージェント・オレンジ」（オレンジ剤）と呼ばれる枯れ葉剤で、ダイオキシンのなかでも極めて毒性が強く、高い発癌性や催奇形性を持つ「2、3、7、8-TCDD（テトラクロロジベンゾ・パラ・ダイオキシン）」が副合成物として含まれていた。その猛毒性はイペリットやサリンより強く、一〇億分の一グラムで癌などを引き起こすとされる。ダイオキシンは、大気汚染の微小粒子状物質のように呼吸や皮膚から吸収されると排出されにくく、体内で濃縮されてしまう。人体における半減期は五年から七年とされるが、その後の健康への影響は計り知れない。

枯れ葉剤は五五ガロン（二〇八リットル）用のドラム缶に詰められ、異なる色のペンキの線を帯状に塗って薬剤を識別した。米軍は約七六〇〇万リットルの枯れ葉剤をベトナムで散布したとされるが、そのうちの六〇％がオレンジ色のストライプのエージェント・オレンジだった。

枯れ葉剤で最も深刻な被害を受けたのは、言うまでもなく頭上でばら撒かれたベトナム人だが、米兵にもランチハンド作戦に従事したパイロットや薬剤の運搬に携わった化学部隊、地上やメコン川流域で対ゲリラ戦を展開した陸軍や海軍の特殊部隊を中心に被害が続出した。ベトナム戦争に従軍した米兵は韓国兵の一〇倍に及ぶ二五九万人。その一割に枯れ葉剤の被害がある。

彼らはベトナム戦争終結から間もない一九七〇年代後半から、枯れ葉剤を米軍に納入した薬品会社のダウケミカルやモンサントなど七社を被告に全米各地で訴訟を起こし、いずれも同様の訴えだったことから、ニューヨーク連邦地裁での一括審理が八四年に認められた。国の傷病兵に対する救済制度は別にあるので、政府の責任を問う道は閉ざされていた。

ところが、翌一九八五年に審理が始まる直前、被告の薬品会社は、莫大な裁判費用が負担になっていた原告側に対し一億八〇〇〇万ドル（当時のレートで約四〇〇億円）の和解金を提示し、原告側が受け入れてしまったため法廷闘争は中断された。補償額は一人当たり最高で一万二〇〇〇ドル（同、約二六〇万円）にすぎず、三七〇〇ドル（同、約八二万円）しか受け取れなかった未亡人もいる。和解金を最も多く負担したモンサントは、エージェント・オレンジが健康被害の原因でないという立場を今も崩していない。

この時の和解では、ベトナム戦争に参戦したオーストラリア軍、ニュージーランド軍、カナダ軍の帰還兵も補償対象に含まれたが、旧南ベトナム政府軍と韓国軍兵士は除外された。先述したとおり、この時期、米国での訴訟と和解は韓国でまったく知られておらず、たまたまオーストラリアでテレビ番組を観た韓国人帰還兵によって初めて伝えられた。

一九九〇年代に入って組織化された韓国の枯れ葉剤被害者が訴訟を起こすのは九九年。モンサントとダウケミカル二社に対する韓国内での一万六五七九人の集団訴訟で、一審は敗訴したが、二〇〇六年の控訴審でソウル高裁は原告が主張する一一の疾病を後遺症と認め、五二二七人への賠償を命じた。だが大法院は「塩素にきび」の被害者三九人にだけ賠償責任を認め、審理を高裁に差し戻してしまう。そして一四年一一月、差し戻し審で原告敗訴の判決が下される。疾病の発生理由には個人差があり、先天的要因や生活習慣などの後天的要因も複雑に作用するため、疫学的因果関係が証明できなかったからだ。

共産主義との戦争

「一部勝訴といっても全面的な敗訴だった。あの判決で我々が米国で補償を求める道は完全に閉ざされた」

枯れ葉剤戦友会の執務室で金成旭事務総長が質問に淡々と答えた。二〇〇六年にソウル高裁で勝訴した頃は、三〇人ほどの会員らと共にワシントンまで行き、ホワイトハウス前で軍服を着てデモもやったというが、すべて徒労に終わった。ニューヨーク地裁で米軍元兵士たちの和解が成立した後、米国政府が韓国政府にベトナム戦争での枯れ葉剤被害に関して通知したとの情報も得たが、確認する術はなかった。ソウルオリンピック開催を控えていた当時の全斗煥（チョン　ドゥファン）政権が情報を公開しなかったという噂も流れ、彼らは全元大統領自宅前で一カ月近く示威活動をしたこともあった。

事務総長の金氏がベトナムに派遣されたのは一九六七年一二月。徴兵で海兵隊に志願すると自動的にベトナム派兵用の青龍部隊への配属が決まったという。海兵は陸軍に比べ戦闘兵員が少なく、他の選択肢はなかったようだ。「鬼神（幽霊）をも捕まえる海兵隊」と勇猛さが称えられる韓国海兵隊員として、ベトナムにいた一年半の間に参加した大規模な戦闘は数十回に及んだ。六八年二月の「テト（旧正月）攻勢」では無数の戦友が命を落とし、土砂降りの中で隣にいた友人が敵の弾に倒れていく姿を何度も見なくてはならなかった。彼は今でも雨が降るとその時のことが思い出され、ひどい頭痛に悩まされるらしく、それ以上戦場の話を語ろうとしなかった。除隊後、金氏は事業を始め、取り引き先と商談をしていた時に全身麻痺を起し、その場で倒れた。原因不明の病魔の正体を知るのは、やはり九〇年代に入ってからだった。

枯れ葉剤被害の責任は一次的には米国にあるが、それなりの情報を得ていたはずの韓国当局にも問題がある。金氏も、個人的な考えとして「（帰還兵の間で）混乱を起きるのを避けるため情報を隠したのではないか」と語るのだが、その一方で、国は補償や待遇において責任を果たしてきたと言い切る。戦友会設立の目的は、枯れ葉剤被害の帰還兵の名誉回復や福祉だけでなく、保守団体として「自由統一」と「安保守護」のため積極的に行動することにもある。ベトナム派兵は、韓国同様に共産主義勢力の脅威に晒されていたベトナムを守るためだったと金氏は信じている。

私がベトナム帰還兵の取材を始めたのは、安倍政権のもとで安保法成立が確実となり、自衛隊の戦闘地域への派遣が現実味を帯びだしたためだった。戦場という極限状態のなか、自衛隊員も予期せぬ事態に巻き込まれるかもしれない。半世紀前に韓国兵が戦闘要員としてベトナムの戦場に送られた時とは条件や国際環境が異なり、単純に比較することはできないが、軍隊の一つの歯車になる兵士の境遇には共通したものがあるはずだ。そんな彼らが、人生のなかでの一瞬にすぎない戦場での不運で、すべてを失った時、どういう思いで国家に向き合うことになるのか、当事者の声を聞きたかった。金氏の場合、国家への思いや忠誠心はより強固なものになっているように思えた。

彼らが米製薬企業を相手に訴訟を起こし始めた時、韓国国内で、彼らの自尊心をさらに傷つける報道が相次いだ。韓国兵がベトナム戦争で大量虐殺に関わったとする衝撃的な内容だった。被害者であるはずの彼らに加害者の烙印が押され、枯れ葉剤戦友会に対する視線にも微妙な変化が起きた。私は虐殺に関する取材をするつもりはなかったが、すでに日本でも報じられていたことなので考えを尋ねてみた。すると、虐殺という言葉を口にしただけで、金氏の表情が一気に変わった。

「日本の雑誌かなんかが具秀姃（グ　スジョン）なる活動家と一緒に、韓国軍が虐殺をしたと、とんでもない嘘をついている。当時ベトナムは戦争中で、自分らを助けに来た我々軍人を認めないはずがない。彼らはなんらかの被害を受けたら、すぐに我々の部隊にまで抗議に来て、大騒ぎの挙句に補償を受け取って行った。誤って牛を撃ったり農地を破壊しただけで憲兵隊に抗議し、絶対に賠償させる。ベトナム人とはそういう国民です。それなのに良民虐殺？　そんなことをしたらただではすまない！

今年の春、その具秀妊がベトナムから良民虐殺の犠牲者だという二人の男女を韓国に連れてきた。彼らが左派のオーマイニュースやハンギョレに話した内容では、その生存者の男は六六年当時、自分の父親と兄が解放軍戦士だったと言うではないか。解放軍兵士とはベトコンのことだ。猛虎部隊との戦闘でみな殺され、一六歳だった自分も解放軍に入隊したと言っている。それがどうして良民になるんだ。

また、もう一人の女は、七〇人ほどの村人が虐殺され、その時本人は四歳だったと、話にもならないことを言っている。それは一九六八年の旧正月の休戦協定に反して彼らが爆撃を仕掛けてきて（テト攻勢）、青龍部隊に多大な被害を出した時だった。我々は逃げながら三日に及ぶ悲壮な戦闘を強いられた。支援の後方部隊が平定してくれたのだが、そこで死んだのが良民だとでも言うのか」

そう語ると金氏は言葉を詰まらせ、怒りを鎮めようとした。意外にも、彼の目は少し涙ぐんでいた。悲惨な戦友の死の記憶と虐殺の汚名に対する悔しさが滲んでいた。

韓国語で良民とは、戦闘と関わりのない一般市民のことを言う。殺されたのは市民ではなく、韓国軍の敵だったゲリラのベトコンであり、殺し殺される戦場における戦闘行為に他ならないと金氏は言う。戦場で死線をさ迷った彼の言葉に迷いはなかった。

写真集から消えた生存者

街の中心を流れる漢江を境にして、ソウルは江北と江南に分かれる。高度成長期を経て経済の中心は江南に移ったが、大統領府青瓦台など、政治の中枢は今も江北に残る。その中心にある南山はソウルの観光名所として知られるが、一九六〇年代から八〇年代後半まで続いた軍事独裁政権時代、山の北側の麓に情報機関の施設が点在し、民主化運動などで連行されたら、まともな体で戻ってくることはできないと恐れられた。

その南山の南側を横切る道路を少し進んだ所に、韓国国旗の太極旗を掲げる枯れ葉剤戦友会ソウル支部の事務所があった。一九八〇年代にソウルに住んでいた頃、この道を通る機会が頻繁にあったが、当時は大き目な警察の派出所だったような気がする。南山の斜面に建てられた事務所は、道路に面した小さな一階ロビーから地下に降りると広い事務室が現れ、一番奥の執務室に支部長の朴根奎（パク　クンギュ）氏がいた。壁には戦友会メンバーらと共に朴槿恵（パク　クネ）大統領を青瓦台に表敬訪問した時の記念写真が飾られていた。

七〇歳を超す年齢とは思えない屈強な体つきの朴氏は、いかにも軍人らしい風貌をしていた。

しかし見かけと異なり、彼の体も枯れ葉剤に蝕まれ、虚血性心疾患で四年前に心臓の血管にステントを三つ嵌め込む大手術を経験した。手術前は一〇〇メートル歩くのも辛かったという。

「おそらく米軍は、韓国軍が駐屯した地域により多くの枯れ葉剤を撒いたのだと思う。なぜなら、我々がいた中部のジャングル地帯には敵軍が多く潜み、攻撃も激しく、被害が続出していたからだ。視界の悪いジャングルでの被害を抑える必要があった。だけど当時は誰もが、害のない除草剤か殺虫剤だと思い込み、米軍機から散布された霧状の薬品を、わざわざ服を脱いで浴びる人までいた。そうすると気持ちがいいし、蚊にも刺されない。もちろんベトナム派兵に至る政府の決断は、我が国と米国との関係があってのことだったのでしょう。しかし我々としては、国が行けというから行ったのであって、あんなとんでもないダイオキシンを我々にばら撒くなんて想像もしなかった。これは殺人だ。それも一瞬にして殺すのではなく、数十年も苦しませ、労働力さえ奪い、家庭崩壊をもたらし、はなはだしくは子にまで病気を引き継がせる」

韓国では米国の基準をもとに、塩素にきび（クロルアクネ）やバージャー病（閉塞性血栓血管炎）など一八種の疾病を後遺症（約五万人）に認定しているが、いわゆる疑症は米国で認められていないため、後遺症の扱いを受けない。だが朴氏によれば、後遺疑症のうちの高度患者（約一万四〇〇〇人）は、脳梗塞や悪性腫瘍、肝疾患などの疾病を併せ持つのが普通で、日常生活でかなり不便な思いをしているようだ。子への遺伝も深刻で、ベトナムでも多い二分脊椎や末梢神経症が多くみられる。社会的差別をおそれて隠す人が多く、公式な統計は出されていないが、朴氏が把握しているだけでも五〇人前後になるという。

冒頭で紹介した疑症中度患者の金泰根氏の証言では、枯れ葉剤患者の多くは各地にある国立の報勲病院で治療を受け、すでに数えきれない人たちが悲惨な死を遂げてきた。金氏が通院するソウル東部の報勲病院に同行させてもらったこともあるが、プライバシーもあり、彼らの病室を訪ねることはできなかった。ソウル支部の朴氏らが見舞いに行くことはあるが、関係者以外の立ち入りは難しいという。

ベトナムの枯れ葉剤被害や米帰還兵の取材で知られる報道写真家の中村悟郎氏が発表した『戦場の枯葉剤』（岩波書店）という写真集がある。中村氏は一九九三年、韓国の報道機関でさえ詳しく報じていなかった枯れ葉剤被害者を韓国各地で取材し、この写真集に一三人の悲痛な患者の姿を載せた。報勲病院での撮影もあり、今では貴重な資料になっている。それから二〇年以上の歳月が過ぎ、彼らの症状が好転しているはずもないが、そのうちの何人かと面会できるよう朴氏に頼んでみた。ところが、写真のコピーを一枚ずつめくる朴氏の表情は暗くなるばかりだった。彼が知っている人のうち生存しているのは一人しかいなかったのだ。

写真集のルポルタージュ記事には、猛虎部隊の衛生兵だった康周寛（カン ジュグァン）氏

（当時四七歳）の様子が詳しく紹介されている。皮膚炎が全身に広がり眠ることさえできない康氏は、苦痛を忘れるためハングル文字の書芸に熱中し、日本の全日展書法会で国際美術大賞を受賞する腕前にまでなった。朴氏も、康氏との面識はないが噂は聞いたことがあるといい、その場で知り合いに電話し消息を尋ねてくれたのだが、二年前に亡くなったとのことだった。彼が知る最後の生存者で釜山市に住む崔聖守（チェ　ソンス）氏の連絡先も電話番号が変わっていた。数日後、崔氏は三カ月前に亡くなっていたことが分かった。戦友会の仲間たちでさえ把握できない、四〇年間苦しみ続けた末の孤独な死だった。

帰還兵たちの歴史戦争

ベトナム戦争に参戦した韓国軍兵士の現在の平均年齢は七〇歳に満たない。約二五万人の帰還兵うち、すでに指摘した通り六万人以上が死亡している。韓国人の平均寿命が八〇歳であることを考えると、死亡率は極めて高い。しかも五万人から六万人の人が重篤な患者だ。写真集に載っていた一三人全員の消息を確かめてみたかったが、その後、朴氏とは連絡がつきにくくなった。戦友会はその頃、人探しの手伝いをしているほど暇ではなかった。枯れ葉剤補償に続く彼らの第二の戦い、歴史戦争が始まっていたからだ。

二〇一五年の秋、韓国史の教科書が偏向しているとして朴槿恵政権が国定教科書の導入を進めたため、野党や全国教職員労働組合をはじめとした左派陣営との対立が激化していた。政府が問題にしていたのは、植民地解放後の大韓民国樹立の正当性や米韓同盟の位置づけ、朴大統領の父親である朴正熙政権時代に推進された開発独裁などで、否定的な面ばかり強調され、肯定的な評価が不当に縮小されているというものだった。また北朝鮮についても、現実にある脅威より南北和解が重視されているとも指摘された。

この歴史教科書問題、枯れ葉剤戦友会にとっても他人事ではなかった。中学校の歴史教科書に、韓国軍がベトナム戦争で虐殺をしたと書かれてあったからだ。採択率三〇%を超す未来アンド社の教科書には、こう記されている。

韓日国交正常化で韓米日同盟を強化した朴正熙政権は米国の要請によりベトナムに派兵した。派兵は国際的に支持されず、野党をはじめ国内マスコミも否定的だった。しかし朴正熙政権は米国から韓国軍の現代化と経済発展のための技術および借款提供などの約束を得た。ベトナム派兵で韓国の戦力が増強され建設業界の海外進出と労働力輸出などが活発になり、経済成長のための足場を築いた。しかし、数多くの若者が犠牲になり、韓国軍により多くのベトナム良民が犠牲となり、韓国人との混血（ライタイハン）を残した。

国定教科書反対デモに対抗してソウル都心で集会を開く枯葉剤戦友会

ソウル都心で国定教科書反対の左派系団体による大集会が開かれるたびに、保守陣営からは枯れ葉剤戦友会が対抗して政府支持の集会を開いた。朴氏と連絡がつきにくくなったこともあり、その集会を訪ねてみると、三〇〇人ほどの高齢者が軍服を着て集まっていた。彼らを見た通行人は、嫌なものでも見たかのように視線を避けて通りすぎた。そんなことは気にもせず、彼らは右翼人士の演説に何度も気勢をあげていた。しかし大半の人は動員されただけなのか、集会の後ろのほうではたばこを吸ったり雑談をする姿が目立った。これが高齢化する政治団体、枯れ葉剤戦友会の本来の姿に思えた。

　彼らと別ルートで写真集の生存者探しを進めるうちに、「戦友新聞」という会報の編集をしていた李鍾旭（イ　ジョンウク）氏（六九歳）に巡り会えた。ソウルの北にある議政府市に住むイ氏は、一〇年ほど前に発症したパーキンソン病で体の震えが止まらず、会話を進めるのも容易ではなかった。三年前にようやく枯れ葉剤後遺症の認定を受けたというが、そんなことより以前のように仕事をしたいと悔しそうに語った。

一九六六年から一年半、ベトナム中部のクイニョンに駐屯していた猛虎部隊の通信兵だった李氏は、カメラを携帯して部隊の活動を記録するのが任務だった。愛用のカメラは日本のトプコン製の一眼レフ。除隊後に軍隊での経験を活かして議政府市で写真店を開き、それが当たった。市内に現像所を何店か増やし、食堂まで経営するようになった。

彼は日本の写真家が枯れ葉剤被害者の写真を撮ったことを知っていた。さっそく写真集のコピーを見せると、しばらくして「難しそうだ」という返事が戻ってきた。ただ一人だけ気になるようで、その写真をじっと見つめていた。中村氏の写真集では比較的小さな扱いのその写真には、ソファーに座った男性と、その後ろでソファーの背にもたれて立つ二人の男性が映っている。写真説明にはこうあった。

一九七一年にクイニョンの化学参謀部にいた李正煕（手前）。枯葉剤を各部隊に分配する作業にも従事した。帰国後に失明。後方も失明しつつある帰還兵、李建世（温陽市、一九九三年）

李氏から連絡が入ったのはその数日後。失明した李正熙（イ　ジョンヒ）氏が生存しているという。彼が暮らす忠清南道温陽市に向かった。

韓国軍が枯れ葉剤散布

ソウルから六〇キロ南の温陽は、韓国では珍しい温泉街として知られる。「ＫＯＲＡＩＬ温陽温泉駅」近くの古びた地下の喫茶店で待ち合わせた李氏は、目が不自由なため付き添いの親戚と一緒に現れた。二二年前の写真より顔が細くなり、最初は別人かと思ったが、本人に間違いなかった。

「写真家のことはよく覚えています。あの時はまだ左目が微かに見えていたけど、四年後に完全に見えなくなりました」

二四歳で入隊した李氏は一九七一年二月から一三カ月間、クイニョンにあった猛虎部隊司令部の化学参謀部で働いた。聞きなれない部署だが、そこに中領（中佐に相当）以下八人が配属され、戦闘用の化学薬品を各戦闘部隊に搬送するのが任務だったという。そこで枯れ葉剤を扱ったと写真説明にもあるが、どういうことなのか。のんびりした忠清道なまりの言葉で李氏が語りだした。

「エージェント・オレンジというのも扱いましたが、一番多かったのはＣＳガスでした。薬剤はドラム缶に細かな粉末状で詰め込まれていて、それを私が直接重油と混ぜ、主に火炎放射器の燃料として使っていました。洞窟の中に隠れている敵兵に向け噴射すると、我慢できずに咳き込みながら表に出て来る。こうした作戦を除隊するまで続けました。化学参謀部には倉庫があって、いつもドラム缶が五つくらい置かれていました。ドラム缶の一つひとつに大きなビニール袋に詰め込まれた薬剤を保管しておくのですが、運ぶ時にビニールが破けて床に少しこぼれたりすると、目が開けられないほど痛く、まったくひどい目にあいました。実際に薬剤を扱うのは部隊の下っ端だった私ら二人だけ。こんなことの繰り返しなので、私の目はいつもウサギのように真っ赤に充血していました」

李氏はCSガスが何だったのか知らずにいたが、後で調べてみると、発明した二人のアメリカ人科学者のイニシャルから名前がつけられた催涙ガスだった。ベトナム戦争で米軍は大量に使っており、その一部を韓国軍に配給していたようだ。CSガスは、戦場での窒息劇薬や毒物の使用を禁止するジュネーブ条約に反するため、当時は米国内でも使用に反対する意見が出されていた。その劇薬を重油に混ぜ火炎放射器で使っていたというのだから、ベトナム兵たちの悲惨な状況が目に浮かぶようだった。そしてこの化学兵器は、扱った兵士の体も蝕んでいく。李氏は入隊してから数カ月で頭痛に悩まされ、半年後には目に異常を感じ出していた。そして除隊後に全身の痒みが激しくなり、しばらくして右目を失明。続いて左目が見えなくなっていった。

しかし、病気の原因はCSガスだけではなさそうだ。問題の枯れ葉剤について李氏はこう語る。

「CSガスほど頻繁にはなかったけど、エージェント・オレンジとかいうのを扱うのも私の仕事でした。やはり重油と混ぜ、ヘリからばら撒くんです。ヘリに二本のソリみたいな足があるでしょ。そこへホースを伸ばして、ジャングルの上を旋回しながら私が直接ばら撒きました。部隊からの要請に応じて、三回くらいやったかなあ。だけど飛んでいる時に変な臭いと一緒に機内に入り込み、それを吸い込んだみたいです……。あれをジャングルに撒くと大変なことになる。数日後に同じ場所に行くと、揮発性のある油と枯れ葉剤で、樹木という樹木が真っ赤になっていました。それは恐ろしい光景でしたよ。とんでもないものを扱っているんじゃないかと震え上がりましたが、まさか除草剤でそんなことになるとは想像もできませんでした」

李氏によると、彼が所属した猛虎部隊以外の部隊でも化学参謀部はあり、同じような任務についていたはずだという。エージェント・オレンジは彼が配属される以前の一九六〇年代には、もっと頻繁に扱われていたらしい。写真集に一緒に映っていた李建世（イ　ゴンセ）という人は除隊後に温陽で偶然知り合ったと言うが、彼も別の白馬部隊で薬剤をヘリから散布していたと話していたようだ。彼もその後失明し、ちょうど一年前に亡くなっていた。温陽にも枯れ葉剤戦友会の支部があり、三〇〇人ほどの帰還兵が参加しているが、毎月一人のペースで亡くなり続けている。

枯れ葉剤との因果関係が立証できず、李氏には後遺疑症の高度の認定しか下されなかった。

「いつかは政府が助けてくれると信じて待ち続けてきたけど、結局、何もしてくれませんでした。政府を相手に訴訟を起こすお金もないし、認められるとも思えないし、仕方なく生き長らえているだけです」

こう語ると李氏は、付き添いの親戚に支えられ席を立った。

第2章　ベトナム戦争の韓国軍

国立墓地に眠る兵士たち

日本の植民地解放後の大韓民国政府樹立と同時に韓国軍は創設された。その直後に勃発した朝鮮戦争で膨大な数の戦死者を出し、ソウルに国軍の墓地が造成されることになった。墓地は一九六五年に国立墓地に昇格され、二〇〇五年の法律改正に伴い、名を国立ソウル顕忠院に改めた。ソウル都心で解放七〇周年を祝う華々しいイベントが催された二〇一五年夏、この国立墓地を初めて訪れてみた。広大な敷地には芝を刈る数人の作業員以外に人影はなく、真夏の日差しが容赦なく照りつけていた。見渡す限りに墓石が整然と並び、五五区画に区分けされた墓域や墓石番号を調べておかないと、墓参りもろくにできそうにない。

この墓地で、ベトナム参戦兵士が葬られる五一墓域を訪ねていた時だった。突然、けたたましいサイレン音が鳴り響き、その直後に上空を韓国空軍のジェット戦闘機が轟音をあげ通り過

国立ソウル顕忠院

ぎた。何事かと思い驚いたが、すぐに「民防衛」の訓練であることに気づいた。

今から四一年前の一九七五年に制定された民防衛基本法により、韓国では毎月一度「民防衛の日」の一五分間、北朝鮮の空襲を想定して民間人の退避訓練が実施されてきた。サイレンが鳴れば市民はすみやかに地下街などに退避し、運転中の車両はすべて道路右脇に停車してエンジンをストップしなくてはならない。民防衛訓練はソウルオリンピックが開催された頃まで年一二回の実施が義務づけられてきたが、民主化後の九〇年代に入ると国民の不満が高まって減らされ、今ではすっかり形骸化した。指揮官庁の安全行政部も一四年四月に発生したセウォル号沈没事故の責任を問われ改編され、この日の訓練は、代わって新設された国務総理直属の国民安全処が初めて実施したものだった。

そんな訓練の日に訪ねてしまった顕忠院には、国のために戦死もしくは殉職した軍人や公務員、朴正熙元大統領など歴代大統領が葬られている。最も多いのは朝鮮戦争の戦死者で墓石は約二万八〇〇〇基。次に多いベトナム戦争の戦死者は、顕忠院によると約四六〇〇基あるという。ほとんどが二〇代前後だったはずの戦死者たちの墓前で、空襲を知らせるサイレン音を聞いていると、半世紀前に起きた戦争と一人ひとりの兵士の死が、初めて現実のものに感じられた。

朴正熙政権は、南ベトナム政府の派兵要請を受ける形をとり、一九六四年九月に移動外科病院所属の兵士一三〇人を送り込んだのを皮切りに、翌年から戦闘部隊の青龍部隊や猛虎部隊、さらに白馬部隊を派兵させ、七三年三月に撤収するまでの八年六カ月間、ベトナム戦争に参戦した。参戦兵員数は米軍に次ぐ延べ約三二万人にのぼり、顕忠院に葬られた戦死者四六八七人の他、一万人以上の負傷者と数万人の枯れ葉剤被害者を出す大きな犠牲を払った。なぜ韓国政府は、自国と何の関わりもないベトナムへの派兵に踏み切ったのか。そして、ここに眠る無数の死者たちにとり戦争とは何だったのか。

1966年8月9日にベトナムに上陸する白馬部隊（戦争博物館）

北緯一七度線と三八度線

太平洋戦争末期の一九四五年三月、ベトナムに進駐していた日本軍がフランス軍を武装解除し、一九世紀末から続いた仏領インドシナの植民地統治に終止符が打たれた。フランスの弱体化に乗じ、ホー・チ・ミン率いる共産勢力が結成した「ベトナム独立同盟（ベトミン）」が独立闘争を激化させ、日本が降伏した八月に一斉蜂起してベトナム民主共和国臨時政府を樹立する。だが終戦後、米国はフランスのインドシナ復帰を容認する方向に傾き、失地回復を果たしたフランス軍とゲリラ戦を展開するベトミンとの間で第一次インドシナ戦争が勃発した。フランスはさらに、日本が戦時中に擁立したバオ・ダイ帝を復位させ、サイゴンを首都とする「ベトナム国」を樹立させるなど、ベトミンを端から相手にしようとしなかった。

しかし、執拗なゲリラ戦が止むことはなかった。業を煮やしたフランス軍は一九五四年三月、姿の見えない敵をおびき寄せ一網打尽にする奇策を講じる。場所はベトナム最北のラオス国境に近い盆地ディエンビエンフーに定められた。ベトナム人を見下していたフランス人将校は、彼らに高度な戦争技術の知識などなく、だまし討ちは簡単だと信じきっていた。だがベトミンは現地少数民族の支援を得て中国から重火器を大量に持ち込み、一斉攻撃をしかけ、たった二カ月でフランス軍を降伏させてしまう。一万人を超すフランス兵が捕虜となり、駐留フランス軍は壊滅状態に追い込まれる。

インドシナ戦争が始まる前年の一九四八年、北緯三八度線を境に米ソが信託統治してきた朝鮮半島でも、戦雲が広がり始めていた。南で大韓民国、北で朝鮮民主主義人民共和国がそれぞれ樹立され、五〇年六月二五日未明の北朝鮮軍の南侵で朝鮮戦争が勃発した。米国と中国が参戦して冷戦最初の大規模な戦争に発展し、米軍約三万人、韓国軍約六〇万人、中国人民解放軍約五〇万人、朝鮮人民軍約三〇万人とされる甚大な犠牲をもたらした。三年に及ぶ戦争は五三年七月に休戦協定が結ばれ、今に続く南北・米中対立の構図ができあがる。

世界最強の米軍が勝利できなかった朝鮮戦争に続き、ベトナムではフランス軍がディエンビエンフーの戦いに敗れ、力任せでは解決されない新興共産主義勢力との局地戦の難しさが露呈した。結局、インドシナ和平を講じる一九五四年七月のジュネーブ協定により、フランス軍のインドシナ一帯からの完全撤退とベトナム民主共和国の独立が承認され、北緯一七度線を暫定的な国境として、ベトナムは南北に分断された。南側では、米国が後押しした反共主義者のゴ・ジン・ジェムを首班とする「ベトナム共和国」（南ベトナム）が樹立されるが、思いつきで作られたような政権に、国づくりなど期待できるはずもなかった。

一九六〇年暮れ、北のベトミンと共闘する南ベトナム解放民族戦線（ＮＦＬ）が結成され、南ベトナムをゲリラ戦やテロ活動で内戦状態に陥らせる。南ベトナムの為政者たちは彼らを「ベトコン」と蔑んでみたものの、政府内の政変にばかり明け暮れ、まともな対策もとれずにいた。六五年初めのクーデターでグエン・バン・チューが政権を握ることで、政変は一応の決着をみるが、汚職や不正はその後も絶えることがなかった。韓国政府がベトナム政府の要請で派兵を決めたという南ベトナムとは、そういう国だったのである。

「白人の地上軍」は勝てない

朝鮮戦争で中国と交戦した米国にとり、アジアでの共産主義の台頭は新たな脅威になりつつあった。政情不安の南ベトナムでは、ベトコンが急速に影響力を強め、米国の支援なしに国を維持することさえ不可能な状況だった。米国にとり南ベトナムの政治的価値は低かったが、ここで防共の砦を守らないと東南アジア全域が共産化するという「ドミノ理論」が幅を利かすようになり、自らフランスの後任者を名乗り出ることになる。

しかし、ベトナムは港湾、鉄道、幹線道路などが未整備で、仮に北ベトナムのベトミンと戦争になれば、兵員動員数やインフラ整備で朝鮮戦争とは比較にならない巨額の予算が必要とされるばかりか、南ベトナム国民のほとんどがベトコン側につくことも予想された。米国がなにより恐れたのは、中国人民解放軍の参戦という悪夢の再来であり、常識的に考えたら、戦争という選択肢はありえなかった。

ところが当時のケネディ政権は、朝鮮戦争型の共産勢力の南侵に備え、南ベトナム軍を訓練するため一九六一年に軍事顧問団の派遣に踏み切る。南ベトナム軍のゲリラ掃討作戦を実施する軍事物資の支援も増強し、密林上空から枯れ葉剤を散布する「ランチハンド作戦」も始まった。同年末に約三〇〇〇人だった駐留米軍顧問団の規模は、二年後には一万六〇〇〇人に増やされている。顧問団という象徴的な存在とはいえ、米軍のプレゼンスが戦争の抑止力になると信じられたが、無能なうえに腐敗しきった当事者の南ベトナム政権が気がかりだった。そこで考えられたのが「北爆」である。北ベトナムへの紛争拡大が、必然的に南ベトナムへの米国の介入強化をもたらし、戦時体制が維持できるようになると判断したためだった。こうしてインドシナ紛争の「アメリカ化」が現実のものとなっていく。

一九六四年八月、北ベトナム沖のトンキン湾で米駆逐艦に対する魚雷攻撃事件が発生。後に、事件は米軍が仕組んだものだったことが明らかになるが、ケネディ暗殺後に大統領に就任したジョンソンは、翌六五年三月二六日に大規模な北ベトナムへの北爆「ローリング・サンダー作戦」を開始させる。北爆は全面戦争を想定したものではなく、圧倒的な空軍力で北ベトナムを屈服させ、爆撃の停止を交渉の条件にするつもりだった。その証拠に、米軍は北爆実施を決定する際に地上部隊の派遣すら決めていなかった。

このためベトナム駐留米顧問団のウィリアム・ウェストモーランド将軍は、北爆発進基地となるベトナム中部のダナンにある空軍施設の安全維持を目的に、海兵隊二個大隊の派兵を要請する。派兵は爆撃の一カ月前に認められ、三月八日に海兵隊三五〇〇人がダナンに上陸。米軍の戦闘部隊が初めてベトナムの地を踏んだ。それは、後にベトナム戦争の負の象徴となるウェストモーランド将軍が、名実ともにベトナム駐留の米軍司令長官になったことを意味した。

共産主義を防ぐ砦、ベトナム……。遠いアジアでの戦争の「エスカレーション」に誰も異議を唱えようとしないなか、米政府内でたった一人、介入に強硬に反対した人物がいた。トンキン湾事件捏造を含むベトナム戦争に関する米政府極秘文書、いわゆる「ペンタゴン・ペーパーズ」が一九七一年にニューヨークタイムズ紙に暴露された際、ベトナム政策の失敗を指摘していた国務次官ジョージ・ボールの意見書の存在も明らかにされるが、そのボール次官は、北爆後の六五年七月一日付のジョンソン大統領宛のメモ「南ベトナムにおける妥協的解決」で、こう述べている。

規模をいくら増やしたところで、密林地域に人口が密集する内戦状態にあるアジアの国のゲリラ戦で、「白人の地上軍」への協力を拒み、はるかに多くの情報が敵側に提供される中で勝つ見込みなどない。

その根拠として、ボール次官は「九〇〇〇人の海兵隊で守られていたダナン航空基地に侵入された上での奇襲攻撃は、地域住民の協力なしに実現するはずがなかった」と指摘した。ボール次官の主張は退けられ、米政府はベトコンの戦闘能力について十分な情報を得ていたにもかかわらず、「白人の地上軍」の優越さからアジア人の敵を侮り、破局へと突き進んだ。ディエンビエンフーでフランス軍が敗北を予期できなかったように。

ボール次官は同文書の最後に、関係国への影響を述べるなかで、極東で唯一憂慮される問題として韓国軍の派兵を挙げていた。

韓国軍への増派要請（ベトナム人はアジアの軍隊の増派が自尊心を損なうため望まない）の

圧力を止め、より多くの軍事支援と経済援助を示せば、韓国の反応をやわらげることができる。韓国と関係正常化させた日本がそこで中心的な役割を果たせるだろう。

日韓基本条約は、このメモが作成された一週間前の六月二二日に締結されている。韓国軍にベトナム派兵を求めずに軍事支援を続け、経済支援は日本に任せておけば、韓国政府が進んで派兵を名乗りでることはないと提言していたのだ。韓国政府の派兵決定に米国の圧力があったことを伺わせる内容だ。

集団的自衛権による派兵決定

南北分断を決定づけた朝鮮戦争の休戦協定が結ばれたのは、ベトナムの南北分断を決めたジュネーブ協定の前年。米中を巻き込む全面戦争で国土は荒廃し、当時の韓国の経済水準は、アフリカのガーナと比較される世界の最貧国に属していた。一方の北朝鮮は、ソ連の援助で着々と経済再建を進め、軍事・経済で南を上回っていた。国家予算の五二％を米国政府の支援、国防予算は七〇％以上を在韓米軍に頼っていた韓国は、自力では国を守れないのが実情だった。

前述したとおり、南ベトナム解放民族戦線が結成されたのは一九六〇年。翌年一月に誕生したケネディ政権は、五月には最初の軍事顧問団をサイゴンに派遣している。ちょうど同じ頃、韓国では、政治の混乱に乗じて朴正熙少将率いる軍事クーデターが発生した。同年一一月に国家再建最高会議議長として訪米した朴正熙は、ケネディ大統領との会談の席で、自分から韓国軍のベトナム派兵を提案したと言われる。時期尚早だったため提案は見送られたが、翌六二年には南ベトナムのゴ・ジン・ジェム大統領から韓国政府に派兵要請の書簡が送りつけられた。ジェム大統領がクーデターで権力の座から追われことで、韓国軍派兵問題は先延ばしされたが、現地の情勢はその後も悪化の一途をたどり、韓国軍の派兵は日増しに現実味を帯びていく。

朴正熙がベトナム派兵に積極的だったのは、理由がある。当時の韓国には五万人ほどの在韓米軍が駐屯しており、米軍戦闘部隊がベトナムに派遣される事態になれば、兵員の多くが在韓米軍から送り出される可能性が高かった。米兵の間での切迫した雰囲気は、拉致被害者の曽我ひとみさんと結婚したチャールズ・ジェンキンス氏が、在韓米軍に勤務中にベトナム派兵をおそれ、軍事境界線を越え北朝鮮に脱出したことからも伺い知れる。在韓米軍の削減は、朝鮮半島に安保の空白を生じさせ、韓国は国家存亡の危機に直面しかねない情勢にあった。

北朝鮮の背後にいる中国は、一九四九年に北朝鮮と軍事秘密協定の「中朝相互防衛協定」を結び、この協定を根拠に抗美援朝戦争（朝鮮戦争）に参戦している。戦争を通し中国と北朝鮮は「血の友誼」で結ばれ、鴨緑江を隔てた唇（北朝鮮）と歯（中国）の「唇歯相依る」同盟関係を構築させていた。さらに六一年に「中朝友好協力及び相互援助条約」を締結させるのだが、その第二条で同盟関係をこう定めた。

締約一方が、いかなる一つ或いは複数の国家の連合から武力侵攻を受け、戦争状態に陥る場合、締約相手国はあらん限りの力を出して、遅滞なく、軍事的及びその他の援助を提供する。

自動介入条項とも言われるこの第二条により、金正恩（キム　ジョンウン）体制に至る今も休戦状態が維持され、国家の体をなさない北朝鮮が生き残れる奇妙な環境が生まれた。

一方の米国は、韓国政府の要請に応えるかたちで一九五三年に「米韓相互防衛条約」を締結し、在韓米軍を駐留させた。しかし、武力侵攻を阻止するため適切な措置をとると定めたものの、第三条で、自国の憲法上の手続きに従って行動すると規定したため、米軍の自動介入を定めた条約にはならなかった。朴正熙がなにより恐れていたのは、在韓米軍削減の動きと米軍の自動介入条項の不在だった。

それに加え、ベトナムでの戦争が本格化すれば、米国が韓国軍の派兵を要請する可能性も極めて高かった。自衛隊の海外派兵は憲法で禁じられ、常備軍を多く持つ韓国軍に白羽の矢が立つのは必至だと思えたからだ。朝鮮戦争で三万六〇〇〇人もの戦死者と一四万人の負傷者を出し、その後も途絶えることのない経済・軍事援助をしてきた米国の要請を断れるはずがなかった。

朴正煕はケネディ暗殺前の一九六三年夏の段階で派兵不可避と判断していたようで、ジョンソン新大統領が親書でベトナムに外科病院の建設を要請すると、直ちに応じ、六四年九月二二日、「第一移動外科病院」の医務要員一三〇人とテコンドー教官一〇人で構成される部隊がサイゴンに到着した。戦闘部隊ではないが、これが韓国史上初の海外派兵となった。さらに韓国軍派兵を既成事実化するかのように、工兵部隊と医務支援団（野戦病院）の派遣も求められ、六五年三月に「ピトゥルギ（鳩）部隊」と命名された二〇〇〇人規模の工兵部隊がサイゴン港に上陸する。建設部隊とはいえ、独自の防衛陣地を構築す

ベトナムに行く兵士を称える韓国国防部のポスター

る自衛のための戦闘機能も備えていた。

ピトゥルギ部隊が現地に派遣される直前の同年三月八日、米軍は初の戦闘部隊となる海兵隊をダナンに上陸させている。そして、戦争がエスカレートしていた五月、ジョンソンは朴正煕との首脳会談で、韓国軍戦闘部隊の派兵を非公式に要請したとされる。そして韓国政府は、自国の安全保障に基づく集団的自衛権を行使するため、戦闘部隊の派兵を決断した。だが、米国が公式文書や会議で戦闘部隊の派兵要請をした事実は一つとして確認されていない。派兵はあくまでも韓国政府独自の判断によるものにさせたのだ。つまり、韓国軍のベトナム派兵は米韓の密約によるものだった。

韓国軍の派兵規模や条件をめぐる米韓の協議が始まると、韓国側はさっそく、半島有事における米軍の自動介入、そして在韓米軍削減の中止を目標に交渉を進めた。しかし、米韓相互防衛条約に自動介入条項を盛り込む案は見送られ、その代り、在韓米軍の撤収は韓国と事前協議することで合意を得た。その他にも、在韓米軍の駐屯軍地位協定（ＳＯＦＡ）を在フィリピン米軍レベルで締結させ、なにより韓国に対する軍事および経済援助を拡大させることに成功した。その結果、開発借款として一億五〇〇〇万ドルが韓国に提供されることになる。前年に締結された日韓条約による経済支援に加え、派兵の見返りとして得た米国からの莫大な経済支援で、朴正煕は「漢江の奇跡」と呼ばれる韓国の高度経済成長の足がかりを掴んだ。国家存亡に関わる安保危機が経済建設の利権に様変わりしたのだ。米国務省ボール次官の提言は、まさにこのタイミングで出されたものだった。

勝つ見込みのない戦闘部隊

一九六五年九月、ソウルで駐ベトナム韓国軍司令部が創設された。初代司令長官に任命されたのは、陸軍作戦参謀部長の蔡命新（チェ　ミョンシン）少将（首都師団〈猛虎部隊〉長兼務〉。

陸士および陸軍大学、さらに米陸軍指揮幕僚大学を卒業した陸軍きっての若手エリートで、当時三九歳だった。朝鮮戦争で対ゲリラ戦を率いた経験を高く評価され、韓国史上初となる海外派兵の司令長官に抜擢された。一〇月一二日には、ソウルの汝矣島（ヨイド）飛行場（現汝矣島公園）で政府要人や軍首脳、兵士の家族など一〇万人が集まり、猛虎部隊の結団式および歓送式が開かれている。朴正熙大統領は式典で蔡司令長官に駐ベトナム韓国軍司令部旗を授与し、演説で「新たな歴史を創造するための尊い使命を負い出征せん愛する将兵たちの武運長久を祈る」と呼びかけた。

ベトナムに最初に派遣された戦闘部隊は、この式典の四日前に南ベトナム中部のカムラン湾に上陸した海兵第二旅団の「青龍部隊」で、駐屯地のトンバティンに移動した後、海岸沿いの幹線道路一号線と鉄道の防衛および対ゲリラ戦の任務についた。青龍部隊は海岸沿いに北上し

駐ベトナム韓国軍司令部旗

てソンカウ、フーカット、ビンケなどに駐屯地を拡大させていくが、そこから内陸に向かう村落やジャングルには、南ベトナム解放民族戦線のゲリラ兵が掌握する地域が広がっていた。

　次に、陸軍首都師団を再編成した猛虎部隊の第一陣が、結団式一〇日後の一〇月二二日にカムラン湾の北にあるビンディン省のクイニョン港に上陸。同部隊の第一連隊が米第一〇一空輸師団、同機甲連隊が米海兵隊七連隊の作戦地域を引き継ぎ、中隊別に戦術基地を設置した後、現地適応訓練を経て軍事作戦実施の体制を整えた。猛虎部隊はクイニョン港を含む一四〇〇平方キロメートルに及ぶ広大な作戦地域を任されることになった。

　さらに翌一九六六年九月には、米国の増派要請に応え「白馬部隊」（陸軍歩兵第二師団を再編）が派遣される。すっかり気を良くしたジョンソン大統領は、その直後に訪韓して三日も滞在し、米韓の友好を最大限にアピールした。ジョンソンはこの時、朴正煕の案内で軍部隊を訪問する途中の車窓で、農民が牛を引いて田畑を耕しているのを見て、この国の貧しさを実感したのか、韓国に科学技術関連機関を供与することを約束したという。それが今や韓国の産業界をリードする韓国科学技術研究院（ＫＡＩＳＴ）設立のきっかけとなった。

ベトナム戦争に参戦した一九六六年の各国の派兵規模は、オーストラリア四五三三人、ニュージーランド一五五人、タイ二二四人、フィリピン二〇六三人、台湾三〇人、スペイン一二人にすぎず、韓国の四万五六〇五人（米国は三八万八五六八人）は突出していた。しかも米国以外に戦闘部隊を送り出したのは韓国だけである。

しかし現地で指揮を執る蔡司令長官は、誰より戦争に悲観的だった。後の雑誌対談で彼はこう振り返る。

ベトナムのゲリラ戦で勝つ見込みはないというのが個人的な判断でした。しかし公にはしませんでした。我が政府の方針でベトナムに軍隊を送るということだったし、それを通して国家の利益を実現させる目標があるのに、個人的な考えを述べるわけにはいかないでしょう。

蔡命新はこう語ったうえで、避けることのできない戦争に、彼がどう向き合ったか説明する。

南北情勢は金日成（キム　イルソン）に有利だった。にもかかわらず南侵しなかったのは、米二個師団が踏ん張っていたからだ。その米軍がベトナムに送られたら我が国は一巻の終わり。行かないわけにもいかず、しかも勝つこともできない戦争だった。だから作戦・戦略をどうするかが重要だった。そこで私は「百人のベトコンを取り逃がしても一人の良民を保護しろ」という基本戦略を打ち出し、兵士たちに徹底させた。ベトコンを全滅させ勝とうとするのではなく、良民を保護することを韓国軍の戦略の基礎にした。

南ベトナムの三分の二の地域が解放民族戦線ゲリラに掌握されていると見られるなか、地域住民に反感を買われたら、作戦行動が敵に筒抜けになる。蔡命新は、「人民は水であり、解放戦士は水を泳ぐ魚である」という毛沢東の戦術を逆手に取り、「水と魚の分離」によりゲリラ戦で生き残ろうと考えた。だからこその住民対策だったのだが、必ずしも徹底されず、米軍同様、韓国軍も各地で事件を引き起こす。

韓国軍はもう一つ、頭痛の種を抱えていた。韓国軍の戦費は、兵士の月給を含めすべて米国政府から支給されていた。このため北ベトナム政府と南ベトナム解放民族戦線は「韓国軍は一

「百人のベトコンを取り逃がしても一人の良民を保護しろ」と書かれた立て看板

日一ドルで米軍に雇われた傭兵」と宣伝していた。こうした認識が広まれば、水と魚の分離どころではなくなる。疑念を払拭させるためにも、韓国軍が独自の作戦指揮権を持つ必要があったが、米軍の現地司令部は韓国軍を配属させるのは当然と考えていた。韓国軍は在韓米軍司令官が兼務する国連軍司令官に戦時作戦指揮権を委ねていたからだ。

そもそも米軍が韓国軍の戦闘部隊を必要としたのは、米兵の被害を抑えるためだった。だから米軍指揮下に入れば桁違いの被害が出るのは明らかであり、蔡司令官は老練の米司令官ウェストモーランド大将に必死に食い下がった。ベトナム戦争では国連軍は編制されておらず、韓国軍のベトナム派兵が米韓基本約定書に沿って実施されていることを盾に、一歩も譲らなかった。米軍とは比較にもならないお粗末な軍隊ではあるが、国家の意地を見せたのだ。その結果、ウェストモーランド司令官の判断で韓国軍に独自の作戦権が保障されることになった。もちろん、指揮権を得たといっても、韓国軍に独自の活動ができるわけはない。戦地の情報収集能力もなく、米軍の弾薬支援や空軍の援護なしにジャングルでの活動など不可能だった。

血の代償、ベトナム特需

白馬部隊が増派される直前の一九六六年三月、韓国の派兵条件を文書化した駐韓米大使ブラウンの覚書により、米国の韓国に対する軍事・経済援助の内容が固まった。この「ブラウン覚書」に、増派や装備に伴うすべての経費、兵士の海外勤務手当てなどを米国が全額負担することが明記されている。さらに同覚書で、駐ベトナム韓国軍のための物資を韓国から購入し、韓国企業に建設や用役の事業参加の機会を与えることが確約された。戦争中のベトナムでの事業活動は、米企業の合弁会社「ＲＭＫ‐ＢＲＪ」がほぼ独占していたため、韓国企業に同社から港湾浚渫や軍事施設建設などの下請け工事を受注する道が開かれた。

この時期、建設で最大の利益をあげたのが、後に韓国最大の財閥企業に成長する「現代建設」だ。港湾荷役や輸送業務などの用役では「韓進商事」が下請けの半分以上を受注した。韓進はベトナムでの成功をもとに大韓航空社を設立したと言われる。実質的な派兵がされた一九六五年から七二年までの八年間に建設や用役で韓国にもたらされた利益は二億八〇〇〇万ドルに及び、ベトナムで事業規模を拡大できた韓国企業が、実質的に高度経済成長を牽引していく。その結果、派兵を始めた六五年に一億五〇〇〇万ドルしかなかった韓国のGNP（国民総生産）は、撤収する七三年に三億一九〇〇〇万ドルにまで増大した。いわゆる「ベトナム特需」の総額は一〇億二二〇〇〇万ドルと言われる。

ベトナム特需と比較される日本の朝鮮特需は、朝鮮戦争が続いた三年間、毎年三億ドルの利益をもたらし、ほぼ同程度の経済効果を生んだものと見られる。三億ドルは当時の日本の外貨保有高の約七割、国の歳出の約二割に相当する莫大な額であり、敗戦で壊滅した日本経済にとり、まさに「干天の慈雨」になった。繊維と金属関連の業種でもっとも利益率が高かったので、「糸へん景気」「金へん景気」と呼ばれる好景気を生んだ朝鮮特需のなかでも、もっとも需要が高かった商品は軍用トラックだった。この時のトラックの受注で生き返った企業が、世界最大の自動車会社に成長するトヨタ自動車である。当時の石田退三社長は〈米軍からの特需という神風に恵まれ、倒産寸前のトヨタは、大きく息を吹き返した〉（『創造限りなく―トヨタ自動車五〇年史』）と述べている。

隣国の戦争で一儲けできた朝鮮特需と、自国兵士を遠い外国で戦わせて儲けたベトナム特需。どちらも褒められたものではないが、一九五〇年代と六〇年代に起きた米国のアジアの戦争で生まれた特需が、トヨタ自動車とそれを追撃する現代自動車を誕生させたのは皮肉としか言いようがない。

しかし韓国のベトナム特需は、深刻な問題を抱えていた。下請け受注の総額に匹敵する経済効果をもたらしたのが、実は、兵士に支給される手当てだったのだ。米軍からドルで支払われた兵士の手当の八割は、強制的に本国に送金され、残りの二割も現地で韓国産テレビを買わせるなどして帰国させたので、ほぼ一〇〇%が韓国に流れ込んだ。その総額が二億ドルを超え、高い失業率と外貨不足に悩んでいた韓国経済を救った。

兵士は労働力ではない。韓国経済を飛躍させた立役者が兵士だった事実は、韓国軍の恥辱の歴史として刻まれるしかないだろう。

第3章　虐殺の真相

被害者から加害者に

虐殺という言葉を聞いただけで激昂した枯れ葉剤戦友会の金成旭事務総長。頭ごなしに「虐殺などない」と否定する一方的な反応に、少し戸惑いを感じた。ベトナム戦争での民間人虐殺問題は、韓国で広く知られているわけではないが、虐殺はあったのではないかと薄々感じている人のほうが多いのではなかろうか。朝鮮戦争でも大規模な民間人虐殺は起きていたし、そのわずか一〇年後の戦争なのだから、起きても不思議ではないと考えてしまう。虐殺などありえないと金氏が断言できるのだとしたら、なぜそう言い切れるのか、逆に気になった。

ベトナム戦争における韓国軍の虐殺の実態は、ベトナムに留学していた具秀姃という女性が現地資料を発掘したことで明らかになり始めた。彼女は韓国のハンギョレ新聞社が発行する時事週刊誌「ハンギョレ21」と共に、一九九九年から二〇〇〇年にかけ次々と現地ルポを発表し、生々しい証言を集めていく。

ハンギョレ21の連載で、被害者と思われていたベトナム参戦兵士たちに、加害者の疑いの目が向けられ始めた。私が会った高齢の枯れ葉剤戦友会関係者の誰もが、こちらから質問しているわけでもないのに具秀妍という名前を挙げ、露骨に敵意を示したことからも、影響の大きさを感じる。一九八〇年代末の民主化以前に国に貢献した世代と、民主化後に過去の歴史の洗い直しをしてきた若い世代との間の反目は、互いの全否定になることが多く、とても接点は見いだせない。ベトナム帰還兵たちは、戦争終結から数十年が過ぎた今、彼らの名誉をかけた第二の戦い、歴史戦争に追い込まれているのが現実だ。

その具秀妍氏がインタビューに応じた日本の雑誌は週刊文春（「祖国の罪を暴き『日本の手先』と罵られた私」二〇一四年一〇月一六日号）で、具氏は韓国軍による大規模な虐殺が行なわれたのは、主にベトナム中部の海岸沿いにあるフーイエン、ビンディン、クアンガイ、クアンナムの四つの省だったと指摘し、こう述べている。

生き残った方々から、まるでウサギ狩りでもするかのように村人を追いかけては手榴弾を投げつけたとか、産まれたばかりの乳児が四十人以上も殺された、などという凄惨な話が次々と出てきました。手榴弾以外にも、機関銃で殺したり、洞窟に逃げ込んだ村民を催涙ガスで燻りだして銃殺するケースもあった。

なぜ虐殺が起きたのかというと、韓国軍が基地を作るためでした。基地の周辺に村があると、敵が潜伏する隠れ家になり易い。そこで村人を戦略村（事実上の収容所）に送ろうとしたのですが、ほとんどの村人は村を離れようとしなかった。「私は一㎜もここから離れません」とスローガンを掲げたり、木にしがみ付いて戦略村送りを拒否する村人が多かった。そこで韓国軍が選んだ方法が虐殺だったのです。虐殺の八五％は六六年に集中していますが、ほとんどは基地設営のためでした。

民間人虐殺を行ったのは主に猛虎隊でした。その手法の多くは村人を一カ所に集めて手榴弾や機関銃で殺すというものですが、時には刀で惨殺するケースもありました。ゴザイ集落では三百人以上の住人が一カ所に集められ、一時間あまりで一人残らず殺されました。

また韓国軍によってベトナム人女性がレイプ、輪姦されたという話も多く聞かれました。でも、彼女たちの多くは殺されてしまう。だからレイプ被害者の直接証言は極めて少ないのです。

記事によると、具氏の調査で虐殺は判っているだけで八〇余件、被害者は九〇〇〇人になるという。事実とすればとてつもない数であり、韓国は遠からず重大な歴史責任を負うことにな

ベトナムの農村地帯で進撃する韓国軍（戦争博物館公報ビデオより）

る。後に私は、枯れ葉剤被害者の取材を進めるなかで知り合った、ベトナム参戦経験があるソウル大学出身のベトナム問題研究者の姜基雄（カン　ギウン）氏から、週刊文春に載った具氏の証言に反論するレポート（二〇一五年一月三〇日付）を手渡された。雑誌記事に掲載された短い証言だけでは背景を理解しにくいので、その内容もここで合わせて紹介したい。

姜氏によると、証言の中に登場する戦略村とは、軍事作戦上の必要から各省の村を安全村、赤色村、戦略村の三つに分類して管理するため、南ベトナム政府の決定に基づき作られた集落だったという。安全村はゲリラ、つまりベトコンが存在しない安全な村、赤色村は民間人ゲリラが暮らすか出入りする村々、戦略村は帰順した赤色村住民を移住させるため新たに作られた村を指す。韓国軍が駐屯した上記ベトナム中部の四省はいずれも激戦地で、当時はほとんどの村が赤色村に分類されていた。

南ベトナム解放民族戦線の精鋭部隊である、いわゆるベトコンは、米軍や韓国軍にVCと呼ばれ、その温床となっていた赤色村は、北ベトナム政府軍が南ベトナム侵入に利用するホーチミンルートの末端に広がる中部地帯最大の激戦地に多く分布していた。韓国軍は北ベトナム正規軍と戦っていたのではなく、民間人と判別できないゲリラ兵のVCが彼らの実際の敵であり、そこには前線などなかった。このため、赤色村へ軍部隊が作戦上の移動をする際には、南ベトナム政府軍が事前に必ず宣撫放送を流し、強制的に集団疎開させていた。赤色村を減らす政策の一環として、疎開させた村に軍の基地を建設することはあったが、基地建設のために村人をレイプしたり皆殺しにするなどありえないという。

こうした疎開命令に従わず、村の周辺や地下洞窟に隠れたりすれば、敵とみなされ、索敵のため手榴弾の投擲などが行なわれることはあるという。普通の農夫、妊婦を装った女性、遊んでいた子どもが、突如武器を使って攻撃してくる事件が頻発しており、韓国軍としても兵士の被害を減らさざるをえず、残っている村人がいれば一カ所に集めて統制する。そこで反発したり離脱しようとする者たちからの利敵行為を防ぐため、不審な動きや行動が少しでもあれば、容赦なく射殺する。それはどの国の戦場でも起きる戦闘行為に属すと姜氏は指摘する。

しかし、九〇〇〇人の真偽はともかく、具氏が発掘したベトナム政府政治局の報告書には、韓国軍に虐殺された民間人は五〇〇〇人になると記録されている。単なる推測ではない公式の資料なので重みがある。姜氏に会った際に尋ねると、彼はこう答えた。

「ベトナムは共産主義で統一されたのだから、彼らの主観で記録した文書や戦争犯罪に関する報告書が作成される。彼らが考える民間人には銃を持つベトコンも含まれる。歴史認識というのは戦争の勝ち負けで決まるのではなく、立場の違いによって変わるものなのだと思う」

武器を持たない赤色村の民間人の犠牲に対する韓国軍の立場については、彼のレポートでも説明されていた。それにしても、味方の兵士の被害を抑えるため、ろくに抵抗もできない村人たちを殺害していいはずがない。敵であるかどうかは、結局、現場の兵士の判断に委ねざるをえないだろうし、殺傷に至る判断も、任務遂行を優先させねばならない兵士の思い込みが影響する可能性がある。そこで殺される側の悲劇は言うまでもないが、現地の事情に疎い外国の兵士に、まともな判断などできるのだろうか。私の問いに姜氏の話は歯切れが悪くなった。

「判断を誤り軍法会議にかけられた兵士もいる。もし自衛隊が海外に派兵されることになっても、その国の民族性だとか意識構造の特徴などの理解なしに行動は不可能だ。民間人はどうしたって外国の軍隊を排斥しようとするから」

殺される側の証言

韓国軍部隊による村人の殺害は、ゲリラ戦に伴う、やむをえぬ戦闘行為と言えるのか。この問題を韓国で初めて伝えた具秀姃氏とハンギョレ21の一年以上に及ぶ報道内容から、当時ベトナムでなにが起きたのか振り返ってみたい。

虐殺の第一報は、具氏が同誌に寄稿したルポ「ああ、恐ろしき韓国軍」(一九九九年五月一六日号)。ベトナム政府の政治局がまとめた「戦争犯罪調査報告書―ベトナム南部における南朝鮮軍の罪悪」の一部を入手した具氏が、同報告書の内容を検証するため、ベトナム南部海外沿いの村で韓国軍兵士が寺の僧侶たちを虐殺した事件を明らかにしたことから始まる。事件の一部始終を目撃した生存者は「タイハンの軍人たちがお坊さんたちを銃で撃ち、助けてと逃げ回るお手伝いの女性も撃ちました。それから死体をみんな焼いてしまいました」と証言した。ベトナムでは当時、韓国をタイハン(大韓の韓国語発音「テハン」から派生)と呼んでいた。そのタイハンとの些細な諍いから、僧侶が全員殺され、寺まで焼き払われたというのだ。

具氏はさらに調査を進め、各地で証言を重ねていく。そして韓国軍の虐殺のなかでも最大規模と考えられる、ベトナム中部のビンディン省タイソン県タイヴィン社(旧ビンアン社)周辺で起きた事件の生存者を探し出した。虐殺は一九六六年二月一三日から一カ月以上続いた猛虎部隊の軍事作戦の過程で起きたものと思われる。中部の軍港クイニョンからカンボジア国境に向け東西を横切る一九号道路を確保するための大規模な作戦だった。現地のビンディン省文化通信局の記録によると、身元が確認できた七二八人を含む約一二〇〇人の住民が虐殺されたという。そのうち子どもが一六六人、女性が二三一人、六〇～七〇歳の高齢者が八八人も含まれていた。

事件の生存者、グエン・タン・ラン氏（男性）は当時一五歳だった。具氏の取材は一九九九年夏に行なわれているが、二〇〇八年に現地調査を実施した伊藤正子・京都大学大学院准教授の著書（『戦争記憶の政治学』）で、彼の証言はより具体的に紹介されているので、少し長くなるが引用する。

一九六六年二月一三日朝四～五時頃、まだ寝ていたが、砲弾の音と軍隊が移動する音が隣の社の方向から聞こえてきたので、母と妹ともに壕に避難した。そのうち砲弾の音が四方から聞こえるようになった。（中略）九～一〇時頃になって集落に兵が下りてきた。逃げきれなかった人は壕へ避難した。一一～一二時頃になって、非難していた家にも兵士が入って来て、壕のフタをあけて銃を撃ち手榴弾を投げ込んできた。午後三～四時には壕を見つけ次第撃ちまくっていた。夕方四時頃、韓国兵がもとの場所に戻ってきて、生きている者がまだいると捕まえ始めた。五時頃自分たちがいた壕も見つかり、母と妹と一緒に銃をつきつけられて外に出ろと言われ、壕から出た。韓国兵を見たのは初めてで、最初は南ベトナム兵のように見えたが、話している言葉がわからないので韓国兵とわかった。そして連れていかれた。一五〜二〇家族の女性や子供たち、おばあさんたちばかり、四〇人を超える人々が集められた。しゃべってはいけないと言われ、下を向かされたまま座らせられていた。一〇〜二〇分後、銃を撃つ音が聞こえて、次々人が撃たれ、内臓や脳みそが飛び散った。自分は列の後ろの方にいて、少し人の陰になった。弾は足にあたり、逃げようとしたが倒れた。血が大量に出て気を失いそれからは覚えていない。しばらくして目を覚まし、両手で這って、少し窪地になっていたその場所から逃げ出した。

集められた四〇人の村人のうち、生き残ったのは三人しかいなかった。解放民族戦線の根拠地は村から離れた山中にあったが、事件後、ゲリラに協力する村人が増えたという。証言から考えられる現場の状況は、とても戦闘行為と呼べるものではなさそうだ。

具氏の取材はビンディン省の北にあるクアンナム省にも及び、ここでも生々しい証言を得る。一九六八年二月一二日、一号線の道路から同省ディエンバン県のフォンニィ村に進軍してきた青龍部隊が「VC！ VC！」と叫びながら自動小銃で村人を乱射したり、手榴弾を投げつけたという。生存者のウンウェンスー氏（男性）は、養魚場に捨てられていた一七体の村人の遺体を引き揚げた後、近くの畑に家族を探しに行った時の様子を、こう語っている。〈足がなくなり、頭蓋骨がこなごなになり、臓器が飛び出している死体の山の下に、お婆さんが血だらけで横たわっていた。いくら戦争中だからといって、あんな残忍なことができるのか。ウンウェンティタン（当時八歳、女性）の内臓は腹から飛び出し、野菜や雑草が詰め込まれていた〉

（「ハンギョレ21」一九九九年一〇月二八日号）

殺す側の証言

具氏の報告が韓国社会に与えた影響は計り知れない。ベトナム派兵は特需という肯定的な面でしか語られてこなかったからだ。さらに奇妙なのは、これだけ大規模な住民の殺害が起きていたというのに、二〇万人以上の韓国軍帰還兵からまったく証言が出てこないことだった。直接殺害に関わらなかったとしても、事件を見聞きした元兵士はかなりの数になるはずなのに、まるで箝口令でも敷かれたように沈黙が守られた。ベトナム撤退後も軍事独裁政権が長く続いた韓国で、戦場での体験を語れる環境はなかったが、すでに民主化が実現して一〇年以上もの歳月が流れていた。また、この問題に積極的に取り組んだ主要メディアも左派系のハンギョレ新聞社だけで、保守系の大手紙や地上波テレビ局は知らぬふりを通し、今もこの問題をタブー視している。日本で従軍慰安婦問題が提起された頃、スクープを出した朝日新聞以外の他メデイアも独自報道を試みたのとは対照的だ。

戦争犯罪で被害者が名乗りでることはあっても、加害者が自ら罪を認めるのには相当な勇気がいる。忌まわしい過去の出来事など記憶から消し去りたいだろうし、しゃべったところで何の利益もない。しかし、加害証言には被害証言以上の説得力がある。だからこそ記者は、加害者を探し出して事実を徹底的に検証し、真実に近づく努力を重ねようとする。その意味でハンギョレ21の連載報道で決定的だったのは、青龍部隊の中隊長だった金琦泰（キム　ギテ）元大尉の証言だった（二〇〇〇年四月二七日号）。編集部で手あたり次第に帰還兵との接触を試みた末、偶然たどりついた金元大尉の口から驚くべき話が次々と飛び出し、虐殺問題で唯一の加害者証言となった。

青龍部隊第二大隊七中隊長だった金元大尉（当時三一歳）は、一九六六年一一月九日から一四日にかけクアンガイ省ソンティン県で実施されたベトコン索敵殲滅（サーチ&デストロイ）のための「龍顔作戦」第一段階で、同中隊を指揮した。作戦開始から二日目、攻撃目標のアントゥエット村（現フックビン村）に侵攻した同中隊の第二、第三小隊の後に、金元大尉が村に入ると、無数の死体が放置されていたという。彼は先を行く小隊長に無線で〈殺すのはそのくらいにしろ！〉と怒鳴りつけたと、「ハンギョレ21」記者に語った。

七中隊は同日、さらに西に進み、別の攻撃目標の村に侵攻する。「殺すのはそのくらいにしろ！」と怒鳴られたためか、先発の小隊が四〇～五〇人ほどの住民を一カ所に集めておいていたという。金元大尉は後続の小隊に、集められた住民を殺さないよう指示したというのだが、先へ進むと機関銃の音が聞こえてきた。後続の小隊が住民を殺害してしまったようなのだ。命令無視とも思える行動だが、すでに起きてしまったことなので〈確実にやっておけ！〉と指示する。止めを刺せという意味だ。

この事件に限らぬベトナム戦争で行なわれていた行為についての一般論として、金元大尉はこう語っている。〈村に入って索敵する時は住民を一カ所に集めます。その時の状況に応じて中隊長がどんな指示を出すかで生死が分かれます。「集めておいたら面倒だろ！」と言えば部下たちが連れていってやってしまうものです〉。生き残った住民に証言でもされたら困るので、止めを刺すことがあるのだという。

そして作戦最終日の一一月一四日、村の近くの洞窟に隠れていた二〇歳から三五歳くらいの青年二九人が逮捕された。武器は所持しておらず、金元大尉は彼らをベトナム軍捕虜尋問所に連行するつもりでいた。ところが、そこへ緊急無線が入り、近くにいた別の中隊が攻撃を受けたので、応援に向かうよう指示された。捕虜の処遇に困った金元大尉は〈あっちに連れて行け〉と命じる。すぐ機関銃の連射音が聞こえ、金元大尉は〈確実にやっておけ！〉と念を押した。ベトコンである可能性は高いとはいえ、無抵抗の捕虜を殺害したのだ。

同誌は金元大尉の証言をもとに、現地のアントゥエット村で生存者を探し出し、一九六六年一一月一〇日に起きた事件が事実であることを確認した。龍顔作戦で殺害された村人は一〇〇人を超していたものと見られる。

金元大尉がインタビューに応じたのは、決して忘れることのできない罪悪感があったからかもしれない。しかし、いずれの出来事も作戦中に起きた正当な戦闘行為だったと主張し続けた。

村の人たちは南ベトナム政府の統治地域に移らなくてはならないのに……。龍顔作戦は完全に敵地で行われたものだった。ベトコンと越盟（ベトミン）軍を殲滅するための作戦だった。（中略）敵の統治地域ではベトコンであるかベトコンでないかは分からない。すべてのベトナムでの作戦がそうだった。こちらに負傷者が出れば無条件にやっつけてしまおうとするものだ。

敵統治地域とは赤色村のことのようで、そこに残っている住民はベトコンと疑われても仕方がないというわけだ。また、非武装の捕虜二九人を殺害した理由は、そのまま放置したら隠してある武器で戦闘兵力化するおそれがあったからだという。確たる証拠はないが「面倒」だから殺してしまった……。どうやらこれが真相に近い。

すでに触れたとおり、戦闘行為と関係がない無辜の住民を韓国で「良民」と呼ぶ。金元大尉の証言に基づき、ベトナムで「良民虐殺」があったとするハンギョレ21の報道は、発売と同時に新聞のハンギョレ一面にも掲載され（二〇〇〇年四月一九日付）、大きな反響を呼んだ。

それから約二カ月後の六月二七日、ある事件が発生する。迷彩服を着た二〇〇〇人以上のベトナム帰還兵がハンギョレ新聞社前に集結し、その一部が角材をもって社内に乱入。論説委員室や編集局のパソコンを壊したうえ、地下の輪転機などを破損し、新聞の印刷を大幅に遅らせたのだ。抗議集会を開いたのは枯れ葉剤戦友会。同会代表団はハンギョレ新聞社担当者と面談し、「戦争という極限状況で住民の犠牲が避けられなかった側面があるにもかかわらず、ハンギョレ新聞社がまるで参戦兵士たちが故意に住民を虐殺したかのように報道したため、国のために犠牲になった戦友たちの人格が傷つけられた」などと主張した。

騒動の発端となった金元大尉はその後、ソウルの国防部前にある戦争記念館会議室で行なわれた関係者との対談で、こう答えていた。〈良民を虐殺した事実はない。ただ作戦遂行中に良民とベトコンが混在した状態で、良民の間に潜んだベトコンたちの狙撃や抵抗、そして逃走が反復して起きていた中で、彼らベトコンを追撃殲滅するために作戦が継続して起きている過程で、多少の民間人の被害が発生したのは事実だ。しかし意図的に故意に、民間人に被害を与えた事実はない〉（関係者が転載したブログから引用）。またアントゥエット村での四〇～五〇人の住民殺害は事実でないと主張し、〈そこで何か起きたとすれば、それは散発的に一定の逃走路もなく逃げるベトコン、またはその容疑者をまず制止させ、それでも逃げるならやってしまうことはある〉（同ブログから）と答えた。まるで裁判を意識したような正確な言い回しで、虐殺は完全に否定された。この一件で、韓国で新たな加害証言が出る可能性はほぼなくなった。

米軍が調査した青龍部隊の残虐行為

しかし、ベトナムの戦場には韓国軍と被害住民だけでなく、米軍もいた。ハンギョレ21は本社襲撃事件後、逆に積極的に取材を続け、米軍が韓国軍の虐殺行為を調査していた事実を、機密解除された米公文書から突き止める。問題の文書は、ワシントンDC近郊のメリーランド州にある国立公文書記録管理局（NARA）に保管されていた。ベトナム駐留米軍司令部監察官が同司令部司令官など指導部に提出した報告書で、写真などの関連資料が添付されてあった。

そこで紹介されたのは三つの事件。各報告書のタイトルにもなる「韓国海兵隊による一九六八年二月一二日の残虐行為」（一九六九年一二月二三日付）、「韓国海兵隊による一九六九年四月一五日の残虐行為」（一九七〇年一月一一日付）、「韓国海兵隊による一九六八年一〇月二二日の残虐行為」（一九七〇年一月一〇日付）だ。そのうち一九六八年一〇月二二日の事件は、具氏が取材したクアンナム省のフォンニィ村・ファンナット村の情報と一致した。八歳の少女ウンウエンティタンが腹から内臓が飛び出したまま放置されていた凄惨な事件が起きた、あの村だ。報告書によると、事件当日、韓国海兵隊（青龍部隊）第二旅団の中隊が一列縦隊で村を通過していた時、敵の狙撃があり、先行の小隊が村の住民を集めて後続の小隊へ送る途中で、七九人（または六九人）が殺害されたという。犠牲になった女性や子どもの死体も米兵に撮影されていた。

一九六九年の年末から翌年の年始にかけ、米軍が上記三つの報告書を慌ただしく作成した理由は、直前の同年一一月末にあったベトナム和平パリ会談で、北ベトナム代表がしたある発言のためだった。会談の一〇日ほど前、米紙ニューヨークタイムズがクアンガイ省ソンミ村ミライ集落で米軍が無抵抗の住民五〇四人を虐殺した、いわゆるミライ虐殺事件（一九六八年三月一六日）を報じ、米国内で反戦機運が高まっていた。北ベトナム代表はミライ虐殺に言及するなかで、韓国軍も七〇〇人以上の民間人を虐殺したと主張していたのだ。この問題は韓国紙の「東亜日報」（一九六九年一一月二六日付一面）でも報じられている。

二十六日、国防当局は最近「ベトコン」秘密放送と「パリ」平和協商連盟側代表らが昨年三月、米軍が越南北部「クアンガイ」省「ミライ」村で越南民間人五百余人を虐殺したと主張したのに続き、駐越韓国軍も越南北部地域で七百人以上の民間人を虐殺したと宣伝していることを、一部の外国新聞と通信が引用報道したことに対し「これは共産主義者らの常套的な宣伝攻勢」と釘を指し「韓国国民と越南国民を離間させようとする悪意に満ちた虚偽宣伝であり一考の価値もない奸計」と反駁、非難した。

北ベトナム代表の虐殺発言に対する反駁報道がされた頃、当時の韓国の情報機関、中央情報部（ＫＣＩＡ）は、フォンニィ村・ファンナット村で一九六八年一〇月二二日に軍事作戦を実施した青龍部隊関係者を呼び出し、聞き取り調査を行なっていた。米軍が同事件の報告書を作成するのは、反駁報道の一カ月後の六九年の年末。翌七〇年二月には、米上院のサイミントン委員会が予定されていて、韓国軍の虐殺行為も追及される可能性があった。ＫＣＩＡの異例な動きは、米軍の要請に基づくものと思われる。しかし、報告書は極秘扱いされ、同委員会で問題にされることなく封印された。

ベトナム戦争に参戦した韓国軍を取材した数少ない日本人ジャーナリストのなかに、共同通信サイゴン支局の亀山旭記者がいる。サイゴンでは当時、韓国軍の戦いぶりが話題になり、韓国軍が解放民族戦線支配下の村落を攻撃するとき、住民も一緒に殺すとか、娘たちはみんな暴行されたとか、韓国軍得意の待ち伏せ攻撃で、無実の住民が多数殺されたという話がなかば公然と語られていたと、著書『ベトナム戦争』（岩波新書）で明らかにしている。日韓条約締結時にソウル支局に勤務していた韓国通の亀山記者は、一九六六年八月にビンディン省の猛虎部隊を訪れた際に、案内をした韓国軍参謀に虐殺について尋ねていた。

彼（M参謀）によるとまず、攻撃に先立って村落の住民に投降を勧告するビラがまかれる。攻撃直前にはスピーカーで住民に村落から出よという勧告が行われる。それから総攻撃に移るというわけである。また反共精神の横溢したある大尉は平定状況を説明した際、住民を殺したことはある、しかしそれは水牛を引いた女たちや子供たちの後にはいつも解放戦線のゲリラが続いているからだと主張した。「二、三十メートルまで引き寄せて一斉射撃する。かわいそうだが止むを得ない」と言い切った。（『ベトナム戦争』）

翌一九六七年に白馬部隊も訪れた亀山記者は、同部隊の将校から〈猛虎師団は殺した数で戦果を競い合ったために問題もあった。わが白馬は戦いの結果を捕獲した武器で判断する〉と告げられた。その将校は、韓国軍のベトナム派兵を、朝鮮戦争で国連の旗の下に援助してくれた自由諸国に対する恩返しだと話したという。その話を聞かされた亀山記者は、同書でこう述べている。〈朝鮮戦争とは何の関係もないベトナムでかってに〝恩返し〟をやられてはベトナム人がたまったものではない――。〉

ベトナムと韓国の歴史認識問題

韓国とベトナムが国交を樹立したのは一九九二年一二月。民主化の一角を担った金泳三候補が大統領選で当選した直後のことだった。国連の南北同時加盟に続くソ連崩壊など、朝鮮半島をめぐる環境が激変するなか、韓国は同年八月に中国とも国交を樹立させ、共産主義圏国家との関係改善を急いだ。一方のベトナムは、共産党一党独裁によるドイモイ（刷新）政策を推進させ、自ら「過去にフタをして」米国をはじめ資本主義国家との関係改善を目指していた。一九九六年に国家元首として初めてベトナムを訪問した金泳三大統領も、韓国軍派兵に関して一切言及せず、建国の父ホー・チ・ミンの廟を訪ねることもなかった。ベトナム戦争は共産主義拡散を防ぐための正義の戦争だったとする、かつての一般認識が、韓国でまだ幅を利かせていた。

流れを変えたのは金大中（キム　デジュン）大統領だ。就任直後の一九九八年にベトナムを訪問した際に「本意ではなくベトナムの国民に苦痛を与えたことを申し訳なく思う」と初めて謝罪し、ホー・チ・ミン廟にも公式訪問した。さらに二〇〇一年八月、韓国を訪問したベトナムのチャン・ドゥック・ルオン主席との首脳会談で、「不幸な戦争に参加して本意ではなくベトナム国民に苦痛を与えたことを申し訳なく思い、慰労の言葉をお伝えしたい」と公式に謝罪した。

この会談は虐殺報道後にされたこともあり、大統領の謝罪に保守陣営が一斉に嚙みつく。ベトナム参戦戦友記念事業会（蔡命新会長）や在郷軍人会は、三〇万参戦軍人の名誉を傷つける行為と憤慨し、当時野党だったハンナラ党（現与党セヌリ党）の朴槿恵副総裁も声明を発表し、「六・二五戦争（朝鮮戦争）に参戦し自由民主主義のため戦った一六カ国首脳が金正日（キムジョンイル）委員長に謝罪したようなものだ」と激しく批判した。だが保守陣営の反撃が流れを変えることはできず、〇四年にベトナムを訪問した盧武鉉（ノ　ムヒョン）大統領はホー・チ・ミン廟で献花し、黙祷を捧げた。

ところが、次の李明博（イ　ミョンバク）政権になり、ある問題が生じた。国家報勲処（庁）が進めていた国家報勲制度の改定作業で、「ベトナム戦争参戦有功（功績）者」とされてきた帰還兵の扱いを、朝鮮戦争参戦者と同様の「国家有功者」に格上げする方針を決定。法律で「世界平和の維持に貢献したベトナム戦争有功者」と表現したため、ベトナム側の反発を招き、二〇〇九年一〇月に予定されていた李明博大統領の国賓訪問が危ぶまれる事態になった。「世界平和の維持に貢献」という文言を削除することで一段落したものの、両国の歴史認識の隔たりを浮き彫りにさせてしまった。そして、謝罪に強く反発した朴槿恵大統領のベトナム訪問では、過去に関する言及は一切されなかった。

ベトナム戦争終結から四〇年の節目を迎えた二〇一五年四月、韓国軍の民間人虐殺事件で生き残った二人のベトナム人が初めて韓国を訪問した。そのうちの一人は、八歳の時にクアンナム省のフォンニィ村で事件に遭遇した、あのウンウェンティタンだった。事件で家族五人を失った彼女は、声明で「残忍な虐殺と苦痛に満ちた悲鳴として記憶されている〝虐殺の声〟が今も頭から離れない」と述べた。しかし、彼女らを迎え入れた市民団体のイベントは、「歴史を歪曲する反民族的行為」と糾弾する枯れ葉剤戦友会の激しい抗議で中止に追い込まれた。帰還兵とベトナム人被害者との和解は、当事者が生きている限り、絶望的な状況にある。

ところで、訪韓した二人が最初に訪ねた場所は、ソウル近郊にある元従軍慰安婦が暮らす支援施設「ナヌムの家」だった。元慰安婦の基金などでベトナムでの民間人虐殺問題を調査する「韓国・ベトナム平和財団建設推進委員会」が設立されたことを受けての訪問だった。彼女らを出迎えた慰安婦被害者の柳喜男（ユ　ヒナム）さん（八七歳）は、「韓国軍がベトナムに行ってそんなことをしたとは……、私が代わりにおわびします」と生存者の二人を慰労した。二人は元慰安婦の支援団体「韓国挺身隊問題対策協議会」（挺隊協）が毎週水曜に駐韓日本大使館前で開く水曜集会にも参加している。その場で挺隊協の尹美香（ユン　ミヒャン）代表は「どんな戦争でも性的暴行被害者や民間人虐殺被害者を出してはならない」と強く訴えた。

従軍慰安婦問題を外交の最優先課題にし、安倍政権に強硬姿勢をとり続けていた朴槿恵政権は、二〇一五年末の日韓合意で、突如、慰安婦問題に終止符を打った。竹島問題に次ぐ両国間の最大の懸案となっていた慰安婦問題を、安倍政権の明確な謝罪もないまま「最終的かつ不可逆的」に解決させたのだから、様々な憶測を呼んだ。合意の背景に、この問題による日米韓の足並みの乱れを懸念した米国の思惑があったのは言うまでもないが、ベトナムでの虐殺と従軍慰安婦問題を連携させる韓国内の反政府的な動きも、朴槿恵政大統領の態度を豹変させた一つの原因と考えられる。

この章の冒頭で紹介した週刊文春の記事が出たのは二〇一四年暮れだった。ハンギョレ21の報道で虐殺が問題になった二〇〇〇年当時、日本で韓国軍の虐殺問題はほとんど注目されていなかったが、李明博大統領の竹島上陸と朴槿恵大統領の慰安婦関連発言で日本での嫌韓感情が一気に高まり、改めて注目されだした。週刊文春は被害者の初訪韓があった一五年四月にも、韓国軍にベトナム人慰安婦がいたとするスクープを出している。記事を書いたTBSの山口敬之ワシントン支局長（当時）は、ベトナム駐留米軍の軍政部と軍警察の犯罪記録から「韓国軍による韓国兵専用の慰安所（Welfare Center）」という記述を発見し、軍の規律維持と性病防止のため、韓国軍が組織的に慰安所を設置・運営したのであれば、韓国政府が批判してきた日本軍慰安婦問題は説得力を失うと主張した。

サイゴン市内にあった韓国軍慰安所は「トルコ風呂」と呼ばれていたという。このトルコ風呂に関しては前出の亀山旭著『ベトナム戦争』でも少し触れられている。

サイゴンでは六八年一月のテト攻勢いらい非常事態ということでダンスが禁止されていたが、韓国人専用の秘密クラブではダンスをすることができた。相手のホステスはすべてベトナム人。入口には看板もなく、ただ手榴弾よけの金網が張ってあって、ベトナム人の警官が警備に当たっている。このクラブの上はやはり韓国人経営のトルコぶろで、マッサージ・ガールはそのまま売春婦にもなる。このようないかがわしい職業で、金もうけに狂奔する韓国人も多く、また韓国軍兵士たちとは異なり、女性関係のいざこざも多かったようだ。

実は、韓国軍の慰安所運営はベトナムが初めてではない。駐ベトナム軍初代司令長官の蔡命新は回顧録『死線幾たび越え』で、朝鮮戦争当時、韓国陸軍が士気を鼓舞するため、約六〇人を一個中隊にする三、四個の慰安部隊を運営していたと、自らの経験を基に述べている。同書は従軍慰安婦が日韓で政治問題化していた一九九四年に大手新聞社から出版されており、慰安婦に対する軍の一般認識を物語っている。ただ週刊文春の記事でも著者が指摘しているとおり、ベトナムの慰安所運営は、植民地下の朝鮮で募集されアジア各地の過酷な戦場に連れていかれた日本軍慰安婦とは、その規模や運営実態が異なり、二つの慰安婦問題を同列に扱うのは無理がある。軍が関わった組織的な犯罪であることに変わりはないが。

死刑判決を受けた兵士

ゲリラ戦の攻撃は、予想できない状況で突然襲い掛かってくる。兵士には咄嗟の判断が求められるが、正しい決断を下せるとは限らない。思い込みや判断ミスが殺人になってしまうことだってある。戦闘行為のつもりが処罰を受ける身となり、犯罪者の烙印を押されてしまうのだから、武器を握る兵士の負担は大きい。

そんな殺人の前科を一生背負って生きている人物が、私の目の前に座っていた。ソウル都心のコーヒーショップで向かい合わせた七〇代半ばの金鍾水（キム　ジョンス）氏は、ベトナムで死刑判決を受けた経験がある。なにが彼の判断を誤らせたのか、はっきりしないことが多かった。彼が犯した殺傷行為に対する処罰にも不可解な点が残されていた。真相を聞き出すため、何人もの人を介し、ようやく面会できた人物だったが、会話の録音は拒否され、彼が持参していた書類も少し見せるだけで複写させようとしない。ベトナムでの話を尋ねると急に興奮しだし、なにかに怯えているように落ち着きがなかった。どうやら初対面の私を信じていいのか迷っているようで、猜疑心に満ちた目で睨みつけていた。自分を救ったのは信仰心だと語る時だけ静かな口調になるのだが、ついに質問になにも答えることなく、一方的に席を立った。

金氏は二四歳の時に陸軍幹部候補生に合格。少尉任官後の一九六八年四月、工兵部隊のピトゥルギ部隊二小隊長としてベトナムに派遣された。だが、到着から三カ月もたたない同年七月

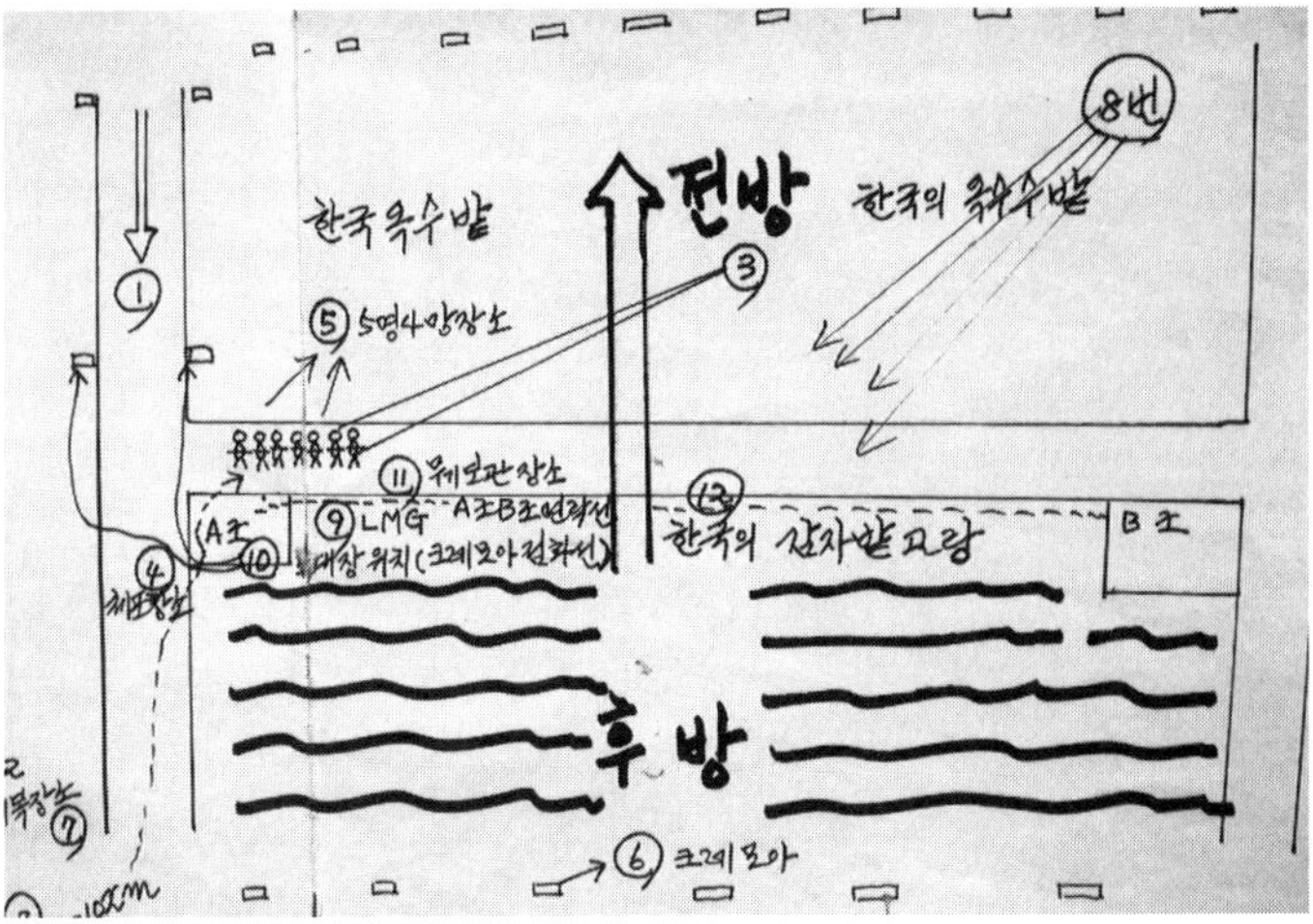

金鍾水牧師が再現した事件の見取り図

一六日に起きた事件で、彼の軍人生活に終止符が打たれる。民間人虐殺容疑などで逮捕された金氏は、軍事法廷の一審に当たる普通軍法会議（現在の軍事裁判の前身）で死刑判決を受け、本国送還後の国防部高等軍法会議で無期懲役刑を宣告された。続く大法院（最高裁）で無期刑が確定し、ソウル近郊の安養矯導所（刑務所）で服役することになった。その後、減刑され、事件から一五年後の八三年暮れに仮釈放された。赦免と復権で戸籍も取り戻し、服役中に信じたキリスト教の神学校に通い、牧師の資格を得て布教活動に専念する毎日が続いた。だが前科は消えない。

ハンギョレ21が金琦泰元大尉の証言を報じた二〇〇〇年春、金氏は三二年前に起きた事件の判決は不当だったとして、真相究明と再審を求める陳情書を大韓弁護士協会に提出した。同協会は人権侵害の疑いがあると判断して調査に乗りだしたが、金氏の期待に沿う結果は得られなかった。大法院判決を覆す客観的反証は見つからず、再審請求を満たす条件が揃わなかったのだ。調査結果に納得がいかない金氏は、当時の新聞のインタビューで事件についてこう語っている。

事故当日の六八年七月一五日、待ち伏せ作戦中の小隊の全員が睡眠不足で眠っていた状況で、翌日の午前一時頃、小隊の一人が「ベトコンだ」と叫び、七人を捕まえ、そのうち五人が銃器を、二人は無線機を所持していており、ベトコンと断定した。

捕まえた人たちを捜索している中、それを見ていて逃走した（別の）一人がいて、追撃して射殺するようにし、また、その渦中で逮捕した人たちが捕縄を解いて逃げ始め、緊迫する中で射撃命令を下した。（『東亜日報』二〇〇〇年七月一四日付）

現場から逃げ出した七人のベトナム人のうち五人が射殺され、生き延びた二人が村の郡主に訴えたため、韓国軍駐屯部隊に住民が抗議に押しかける事態となった。民間人殺害が問題になれば地元住民の協力を得にくくなる。事態収拾のため事実と異なる証言をさせられ、金氏一人に責任が押しつけられたというのだ。

民間人殺害で韓国軍兵士が死刑判決を受けていた事実は、金氏の再審請求で初めて明らかにされた。調査を実施した大韓弁護士協会の報告書などによると、ベトナム戦争中の一九六六年から七三年の間に拘束された韓国軍兵士は五六一人。そのうち四〇人が未赦免か未復権（九八年二月現在）だったが、いずれも刑執行停止などで釈放されていた。

軍事法廷の判決は「管轄官」の裁量で刑の軽減が可能とされるが、当時、管轄官を兼務した蔡命新・駐ベトナム韓国軍司令官は、金氏の死刑判決に署名している。金氏のインタビュー記事を出した東亜日報に、その時の判断を尋ねられた蔡元司令官は、軍当局の事件捏造を否定したうえで、「百人のベトコンを取り逃がしても一人の良民を保護しろ」という韓国軍の指針を持ち出し、軍規律のための避けられない措置だったと述べている。

大韓弁護士協会の人権委員として当時の調査を担当した安炳龍（アン　ビョンリョン）弁護士を訪ね、死刑が宣告された事件の概要を尋ねた。個人情報に関わるので明言は避けたが、民間人を誤って殺害した過失致死とは考えにくいと判断したようだ。また、殺害された捕虜が武器を所持していたという裁判記録や資料は見つからなかったという。

金氏は一五年前の報道以来、マスコミの取材に応じることもなくなり、牧師を務めていた教会も辞めて姿を消した。キリスト教団体の牧師名簿から所在をつきとめることもできず、関係者の紹介でようやく接触できた金氏だったが、事件の真相を何も語らぬまま、人ごみの中に消えて行った。

それから二カ月ほど過ぎた二〇一五年の秋、金氏のほうから連絡があった。事件のことを話す用意があるという。

戦闘行為と殺人の違い

「我は聖霊を信じ、神々しき教会と聖徒との交際に罪を赦され、身体の復活と永生を信じる」

初めて会ったコーヒーショップ近くにある食堂の個室が、彼が毎週説教をする教会だった。集まった信者は四人。それでも熱心に聖書を読み上げ、讃美歌を合唱した。説教を終えると、事件について少しずつ語り始めた。

彼が説明する事件発生の状況は、一五年前の新聞記事の内容と一致していた。

ピトゥルギ部隊駐屯地周辺を警備するため、兵士一〇人の小隊長として夜間の待ち伏せ作戦の任務についていると、七人のベトナム人男性が現れ、捕まえた。自動小銃や拳銃など銃器五丁、トランシーバー二台、地図一枚を所持していたという。七人を捕縄していたところ、近くに隠れていた別の一人が逃げ出したので、部下が追撃して射殺。その騒ぎのなかで、七人のうち二人が捕縄を解き、逃走した。混乱のなかで残る五人を射殺したというのだが、その時の状況説明が曖昧だった。興奮しがちなので、落ち着いた説明を求めると、「一五年五カ月、いや

死刑判決を受けた事件の状況を説明する金鍾水牧師

五六三二日も閉じ込められていたんだ。静かにしゃべることなどできない！」と声を荒げた。何度も同じ話を聞いているうちに、嘘をついているのではなく、悔しさから感情が抑えられなくなるのが分かった。

彼が言うように、韓国軍駐屯地周辺、それも真夜中に、八人のベトナム人男性がうろついていたのは不自然だ。さまざまな角度から質問を試みたが、武器所持は事実だったと思えてならない。では、押収された武器が裁判記録にないのはなぜなのか。軍が証拠隠滅した可能性があるのかと尋ねると、金氏は「そのとおりだ。(軍は)罪を作ろうとした。あってはならないことだ」ときっぱり答えた。

金氏の証言が事実なら、一連の行動は正当な戦闘行為になるはずだが、前述したとおり、住民が部隊に抗議してから軍は態度を変える。金氏は部隊司令官に事態の報告をする直前、上官にこう勧められたという。「捕まえた後で逃げられたとか面倒なことを言わず、単に見つけたので射殺したと言え」。そう答えておけば作戦上の任務遂行として処理されるという判断があったようだ。ところが、言われたとおりに部隊司令官に報告すると、金氏は直ちに憲兵隊に逮捕され、数日後に軍法会議にかけられた。事前に郡主から事情を聞かされていた部隊司令官が、虚偽報告をした金氏に悪意の殺害意思があったと判断したためだ。虚の報告を勧めた上官と部隊司令官との間に意思疎通はなかったようで、運が悪かったと言えばそれまでだが、よく調べれば事件の実態など簡単に把握できたはずだ。地元住民を懐柔するため金氏が犠牲にされた可能性は否定できない。

真相は藪の中だが、金氏の証言どおり、殺害された住民が武器を所持していたとすれば、南ベトナム政府側の民兵だった可能性もある。しかし、民兵を装ったベトコンも多く、現場の韓国軍兵士に民兵とベトコンを区別できるはずがない。混乱のなかで起きた誤認射殺であれば、処罰できなくなるので、軍上層部の判断で、銃器所持が記録から抹消されたとも考えられる。この虚偽報告以上に金氏の立場を不利にしたのは、事件発生地点だった。指示された場所から五〇〇メートル外れた場所で待ち伏せ作戦を実施したため命令違反とされたのだ。軍の規律上、命令違反が原因で発生した事件には弁解の余地がなくなる。

軍事作戦中に遭遇した敵の射殺をためらうようでは、軍人は務まらない。当時の状況から判断して、金氏の行動は戦闘行為に属すものと考えられる。逃走する捕虜は敵であり、無条件に射殺することになっていたからだ。だが、実は逃走を試みたのは二人だけで、身動きしない無抵抗の五人の捕虜を殺害したとしたら、話はまったく違う。それも戦闘行為だとして数々の虐殺が起きたのは、すでに触れてきたが、捕虜殺害はあくまで戦争犯罪だ。混乱した状況のなかでの判断だったとしても、責任は兵士個人にある。

第4章　兵士の病と戦死

冬の兵士

金琦泰元大尉と金鍾水元少尉の証言に共通するのは、住民あるいは捕虜の殺害が作戦遂行上のやむをえない行為だったと主張している点だ。そこで失われた命に対する良心の呵責がないわけではないが、戦闘行為という名のもとにすべてが正当化された。それが二〇万人を超す韓国のベトナム帰還兵の共通の認識なのか、戦争犯罪を認める人はいまだに誰もいないのが現実だ。

一方、延べ二五〇万人以上の兵士をベトナムに送り出した米国では、多くの戦争犯罪が証言されてきた。代表的なのが、ミシガン州デトロイトで一九七一年一月三一日から二月二日の三日間行なわれた「冬の兵士公聴会（Winter Soldier Investigation）」での証言の数々だ。一万一〇〇〇人の帰還兵からなる「戦争に反対するベトナム帰還兵の会（VVAW）」が主催した公聴会で、一〇〇人以上の帰還兵が、自ら犯したか目撃した戦争犯罪を生々しく語った。一〇〇〇頁に及ぶ証言内容の要約は日本でも出版され（『ベトナム帰還兵の証言』陸井三郎編訳／岩波新書）、日本の反戦運動に大きな影響を与えている。

冬の兵士とは、アメリカ独立を訴えたトマス・ペインが、合衆国独立戦争でイギリスに敗北を重ねていた時に書いた『危機（Crisis）』で指摘された「夏の兵士」に対する言葉として、勇気をもって証言するベトナム帰還兵に使われた。危機を前に身をすくませながらも祖国のため立ち向かったのが夏の兵士だとすれば、祖国を告発することで裏切り者扱いされかねないベトナム帰還兵は「冬の兵士」であるとして、その勇気を称えた。

証言には、索敵殲滅（サーチ＆デストロイ）と言われた軍事作戦における非武装民間人の無差別な殺害、村々でのベトナム女性にたいする虐待と暴行、広い範囲での森林地帯への枯れ葉剤の散布、各種ガスの使用、敵兵のからだの不具化など、数えきれない戦争犯罪が含まれていた。兵士たちはベトナム人を「グーク」（黄色人種の蔑称）ないしは人間以下と考えるよう頭に叩き込まれ、犯罪など無縁だったアメリカの若者たちが、なんのためらいもなく人を殺していく実態が明らかにされた。その証言をいくつか引用する（いずれも『ベトナム帰還兵の証言』から）。

◎デニス・バッツ兵卒（第二五歩兵師団）

村の明りを射つのはただもう遊びになっていました。ある夜、村に一点の明りかなにかが見え、そして一人の兵隊が、階級の低い整備兵でしたが、この五〇口径銃（弾丸の長さ約六インチ）をにぎっていたのです。彼はなにものかを見て、五〇口径銃で約一〇秒間、村に向けて連射しました。すると、他の陣地突出部も砲火を開きました。全員ではないが、多数の砲列です。そして私が耳にしたのは――ただ人びとの突然の悲鳴でした。人間の金切り声ですよ、例の。

◎マイケル・マッカスカー軍曹（第一海兵師団）

（一人の）兵隊が狙撃兵に射たれたので、全大隊が復讐として、二つの村をまるごと破壊し、あらゆる生き物、人間（男、女、子どもたち）、彼らの家畜を全滅させ、小屋を焼き払い、田んぼ、庭、灌木の生け垣をめちゃくちゃに破壊して一掃し――抹殺したのです。海兵隊が仕上げを終えた瞬間、生命あるものはみな息の根をとめられ、形あるものは全部こわされ、なに一つ存在を許されたものはありませんでした。

隊員たちは一〇人の村人を引っくくり、小屋にとじこめ（どういうやり方で彼らを殺したのか――榴弾を投げたのか射殺したのか知りませんが）、あとでその小屋を焼き払ったのです。（中略）私は彼らに、どういうやり方で殺したのか聞きたいとは思いませんでした。屍体は全部まるで串刺しにされて焼かれでもしたように、焼けていたからです。ほんとにちっぽけなからだ、子どもの屍体が顔にわらをかぶって畑のなかに横たわっていました。棍棒で打ち殺された屍体でした。後に明らかになったことですが、その子どもを打ち殺した海兵隊員は、じつは子どもの顔を見たくなかったので、打つ前に顔にわらをかぶせたのです。

◎スコット・カミル軍曹（第一海兵師団）

われわれが民間人とベトコンを見分けるには、ベトコンは武器を所持し、民間人は携帯していないということでしたが、死んだものはだれでもベトコンと見なされました。だれかを殺した場合、「こいつがベトコンだとどうしてわかる?」と聞かれれば、「死んでいるじゃないか」というのがきまり文句で、それで十分だったわけです。われわれが村を捜索し、村人を身体検査するとき、婦人は着ているものを全部脱がされ、兵隊たちは、女たちがどこにもなにも隠していないことを確かめるために、男根を使いました。そしてこれは強姦だったのですが、捜索として行われました。

こんな体験をしたら誰だって精神状態が不安定になる。殺した人の数を確認するため死体から右耳を切りとるよう命じられた元衛生兵は、帰国後に精神分析医に通うことになったと告白している。耳の切り取りは金琦泰元大尉の証言にもあり、韓国軍でも公然と行なわれていたものと見られる。

兵士の非人間化と心の病

兵器の機械化が一気に進んだ第一次世界大戦で、戦場での大量殺戮が起きると、原因不明の精神の病に罹る兵士が続出した。症状に対する医学的な理解が深まらないまま、強烈な砲弾にさらされたことで起きる患者固有の精神疾患と考えられるようになり、「シェル（砲弾）ショック」と名づけられた。戦争神経症とも呼ばれるこの症状は、第二次世界大戦でさらに増加し、歩兵の戦闘参加が倍増した朝鮮戦争では治療対策もとられるようになった。ベトナム戦争では、戦場でのストレスが原因の精神疾患を防ぐため、従軍期間を一年程度に抑えるローテーションが組まれた。

ところが、ベトナム戦争を体験した兵士が精神疾患を患う頻度は驚くほど高く、米国内で深刻な社会問題に発展していった。帰還兵たちはヒステリー患者と似た症状を示し、感情が麻痺して無反応になることもあった。彼ら帰還兵の臨床記録から戦争神経症の研究が一段と進み、トラウマ体験の精神的後遺症として広く知られるＰＴＳＤ（心的外傷後ストレス障害）が解明されることになる。

ベトナム戦争はそれまでの正規軍同士の戦争とは異なるゲリラ戦の様相を呈し、どこに敵がいるのか分からないストレスを兵士に強いることになった。戦場で経験した残虐行為などの戦闘ストレスに加え、反戦運動が広がる米国に帰国した後に体験した孤立感から、精神的変調をきたしたものと考えられている。国のために戦ったはずなのに「赤ん坊殺し」のレッテルを貼られ、なかには唾を吐きかけられる者もいた。こうしたさまざまな条件が重なり、ベトナム帰還兵にＰＴＳＤが蔓延していった。

米議会の要請に応じて一九八八年に実施された調査では、男性帰還兵の三〇・九％がＰＴＳＤを発症していた。この数字は二〇〇三年にされた別の調査でさらに増え、五人に四人に発症経験がある可能性が指摘され、精神的変調が長期間にわたる実態が浮き彫りになった。自殺者数も公式には二万人以下とされるが、民間の調査では一五万人に及ぶとも言われる。

二〇〇一年九月の同時多発テロを機に、米国は「テロとの戦争」に突入することになる。アフガニスタンに続き〇三年にはイラクに侵攻し、ベトナムで経験した泥沼の戦争に再び引き戻された。そして、ＰＴＳＤはアフガニスタンとイラクの帰還兵にも襲い掛かることになった。二〇〇四年に米陸軍が両戦地から帰還した陸軍と海兵隊兵士を対象に実施したメンタルヘルスの関する調査結果、派遣された兵士の六人に一人が帰国後にＰＴＳＤの症状を示したとされる。また、米有力シンクタンクのランド研究所が〇八年にまとめた報告書「見えない戦争の傷

（Invisible Wounds of War）」でも、サンプル調査に応じた派遣兵士の一四％にＰＴＳＤの症状があった。両戦地に派遣された米兵の総数一六四万人に当てはめ、約三〇万人の帰還兵が罹患したと推定した。米陸軍の「自殺リスク管理及び管理室（ＳＲＭＳＯ）」がまとめた〇七年の統計「陸軍自殺事案報告（Army Suicide Event Report）」では、同年に一六六六件の自殺未遂などの関連事案があり、そのうち自殺に至ったのは一〇九人だったと報告された。実際の自殺未遂件数は一カ月に一〇〇〇件を超すという情報もあり、ベトナムと匹敵する社会問題と化していく。

二〇〇八年三月一三日から一六日までの四日間、彼ら帰還兵の「冬の兵士公聴会（Winter Soldier：Iraq & Afghanistan）」がメリーランド州シルバースプリング市にあった全米労働大学で開かれた。従軍した約五〇人の帰還兵が、自分たちが現地で行なった残虐行為を次々と告白していく姿は、三七年前の公聴会でベトナム帰還兵が暴露した悪夢の再来だった。イラクに派遣された元軍曹のジェフ・ミラード氏（第四二歩兵師団）は公聴会でこう述べている。

二〇〇五年の初夏、部隊の作戦地域の交通管制地点で銃撃がありました。イラクでは毎日のようにあることです。その時、車がスピードを出してこちらに向かってきました。若い兵士が即座にこの車両に危険を感じマシンガンで二〇〇発の弾丸を撃ち込みました。殺されたのは母親、父親、四歳の少年、そして三歳の少女でした。この件の報告に私も加わったのですが、担当官が顔色を変えずに報告すると、部隊司令官のロシェル大佐は椅子に座ったまま振り返り、こう言いました。「ハジ野郎め、運転の仕方も知らないのか！」。その場にいたのは軍曹の私がもっとも低い階級でしたが、他の将校たちを見回すと、そこにいた一人として反発しようとせず、誰もが同意していました。ハジ野郎の運転が悪かったためで、でなければこんなことは起きなかったのだと。ロシェル大佐の人種差別意識と非人間化は命令系統の全体に行き渡っていたのです。

ハジとはアラブ人の蔑称で、ベトナム人をグークと呼んだのと変わりない。こうして非人間化された兵士たちが戦闘から解放されると、戦場での異常な体験が彼らの心を徐々に蝕み、現実生活への適応を難しくさせていく。失われた人間性を取り戻す唯一の方法が、告白だったのではなかろうか。

ところが、同じベトナム戦争に参加した韓国軍帰還兵のＰＴＳＤが話題になったことはないし、彼らが残虐行為を告白する動きもない。米兵との決定的な違いは、やはり帰国後の環境にあるようだ。戦場での体験がＰＴＳＤの原因になるとしても、帰国後に彼らを孤立させる環境がなければトラウマになりにくい。ハンギョレ21の虐殺報道が当時されていれば事情はかなり変っていたかもしれないが、同誌は韓国が民主化された後に創刊された雑誌だ。すでに枯れ葉剤被害も政府レベルでの補償がされ、高齢化した帰還兵には遠い過去の記憶になっている。

国民皆兵の韓国

「左を倒し！　右を倒し！　前を深く突き刺せ！」

銃剣が装着された小銃を構える若い兵士たちの掛け声が、真冬の朝の野外訓練場に響き渡った。一〇年前の二〇〇六年一月。ソウルの一五〇キロ南にある韓国陸軍最大の新兵訓練所「錬武台」（ヨンムデ）を訪ねた時に見た、入隊したばかりの一〇〇〇人ほどの新兵たち。まだ銃の扱いが不慣れで、眠そうな顔で訓練をしている兵士や、寝坊して慌てて訓練場に走ってくる兵士もいた。ほとんどが大学を休学して入隊した二〇歳前の男子学生で、メガネをかけた兵士の姿が目立った。彼らはここで五週間の基礎訓練を終えると、全国各地の部隊に配置される。二四カ月（二〇一一年から二一カ月に短縮）の兵役義務がある国民皆兵の韓国の若者にとり、避けて通れない軍隊の登竜門だ。一年間に錬武台に入営する陸軍兵士は、総数の四五％に当たる一三万人。新兵は約五〇〇〇人からなる教育隊に編成され、ここで寝食を共にしながら軍隊生活に馴染んでいく。錬武台には一一の教育隊があるので、常に五〇〇〇〇人以上の新兵がここで訓練を受けていることになる。

新兵が生活する内務室（2006 年撮影）

大学キャンパスの校舎を思わせる教育隊の宿舎内を訪ねると、入り口には「相互尊重と配慮の兵営文化定着」と書かれたスローガンが掛かり、軍隊生活の改善を呼びかけていた。新兵たちは内務室と呼ばれる一〇人部屋で一緒に暮らし、各自に与えられたスペースは体一つ分しかないが、兵営環境はそれほど悪くはなさそうだった。新世代の意識の変化を尊重してか、上官が指令を出す時も命令調ではなく丁寧語を使っていた。

「一人っ子が増えたこともあって、昔の軍隊しか知らない父兄の中には、子どもの兵営生活を極度に心配する人がいます。しかし、見ての通り、軍隊生活も様変わりしました。上官が部下を罵倒したり、無意味なシゴキが横行していたのは過去の話で、兵士たちの人権は確実に保障されています」

案内してくれた錬武台関係者は、まだ軍隊生活に慣れない新兵たちを見ながら、こう話した。訓練内容も以前ほど厳しくなくなり、新兵訓練で最大の難関とされる四〇キロの行軍訓練も二〇〇五年から三〇キロに短縮された。部隊内は完全禁煙。訓練についていけない肥満体質の新兵たちにはダイエット・プログラムが用意され、五週間の訓練で平均して七〜八キロ体重を減らすことができるらしい。

私が錬武台を訪ねたのは、二〇〇〇年に実現した南北首脳会談後に南北宥和が進み、北朝鮮に対する脅威がだいぶ薄れていた時期だった。〇五年に国家情報院が実施した現役兵士の面接調査では、朝鮮半島で戦争が起きる可能性について約五〇％が「特にない」と答えていたほどだ。北朝鮮に対しても、回答者の六三％が「警戒心は維持しつつ、同伴者的な関係だと認識すべき」と答えたのに対し、「北朝鮮は主敵」と答えた兵士は三六％にとどまった。しかし北朝鮮が主敵でないなら、韓国の徴兵制度は名分を失う。当時、韓国国防研究院（ＫＩＤＡ）幹部に徴兵制度の展望を尋ねると、次のような答えが返ってきた。

「志願制への移行には莫大なコストが伴うので、今すぐ実施するのは財政的に不可能だ。南北の和解は進展しているものの、北朝鮮が主敵である現実に変わりはなく、常に万全の備えをしておく必要がある。国防部は二〇二〇年までに現在（〇六年）の兵力六九万を五〇万に削減する計画がある。特に戦闘兵力は五〇％削減される見込みだ」

この幹部が言及した兵力削減案は、当時の盧政権が推進していた「国防計画二〇二〇」に基づくものだったが、結論から言うと、一〇年が経過した現時点で削減はほとんどされていない。その後の李明博政権と朴槿恵政権で、計画の前提となる年平均七・二％の国防予算増額が満たされなかったばかりか、度重なる核実験やミサイル発射で北朝鮮の脅威が増大し続けたためだ。二〇一四年に出された国防改革基本計画では、一二年現在で六三万六〇〇〇人いる常備兵力を、二二年までに五二万二〇〇〇人に削減する案が打ち出されたが、毎年一万人規模で兵力を減らせる見通しはたっていない。また、韓国経済の悪化に伴う若者の就職難が続くなか、二〇代初めの入隊希望者は逆に増える傾向にある。特に二〇歳と二一歳が占める比率は、一二年に六七・五％だったのが一四年には七七・三％へと急増している。

軍隊いじめ

社会の変化に合わせ兵営生活も改善されているが、軍隊が辛い場所であることに変わりはない。自由を謳歌していた学生がいきなり軍隊に放り込まれるのだから、適応できない兵士が出ないほうがおかしい。二〇〇五年六月に前線部隊兵士が起こした小銃乱射事件の犯行動機は、兵営生活の鬱憤を晴らす衝動にかられただけのことだった。パソコンの戦闘ゲーム感覚で同僚や上官一二人を殺傷してしまったのだ。この事件を教訓に兵士の管理は強化されたが、期待したほどの効果はあがっていない。特に問題とされるのが、軍隊内のいじめだ。一四年に起きた二つの事件によって、その過酷な実態が広く知られるようになった。

そのうちの一つは、韓国北東部の南北軍事境界線近くにある陸軍部隊の一般前哨（GOP）で起きた。小銃を乱射して同僚五人を殺害したI兵長（軍曹）が武装したまま兵営を脱出したことで、事件は近隣一帯を封鎖する緊急事態へと発展した。犯行に及んだ兵長は、部下からも無視されるなど、同僚の集団的ないじめに憤りを感じていたという。

韓国軍は国防研究院が作成した性格検査評価書を利用し、軍隊生活への不適応など、注意観察を要する兵士を「保護および関心兵士」として管理している。いわゆる関心兵に判定されると、A級（特別管理対象）、B級（重点管理対象）、C級（基本管理対象）に分類され、程度に応じた軍服務が義務づけられる。問題の兵長はA級判定を受けていたが、半年後にB級に改善したと判断され、事件半年前に同部隊の一般前哨に配置されていた。

事件後の国防部の発表によると、A級関心兵の数は一万七〇〇〇人（全体の三・八％、二〇一四年六月現在）にもなり、C級まで合わせると四万六〇〇〇人に及んだ。事件が発生した陸軍第二二歩兵師団でもかなりの数の関心兵が把握されていたという。韓国陸軍の戦闘部隊の編制は、二個野戦軍、八個軍団、二二個常備師団からなり、一個師団の兵力は約一万人になる。

軍団は通常三個師団で編成されるので、関心兵の総数は一個軍団より多いことになる。

高等軍事裁判所（二審）の判決を不服とするI兵長の上告は大法院（最高裁）で棄却され、死刑が確定している。「学生時代にいじめにあった経験があり人格障害になったのは事実だが、部隊内の組織的いじめや暴行、過酷行為などが耐えられないものだったと見做すほどの事情を見つけ難い」のが棄却の理由だった。軍人で死刑が確定したのは彼で四人目だという。いずれも部隊内で小銃乱射事件を起こし、同僚や上官を殺害する事件を起こしていた。

軍人は一般死刑囚とは別に、ソウル近郊の「国軍矯導所」に収監され、所属軍の参謀総長あるいは軍事裁判所の管轄官が指定した場所で銃殺刑に処せられる。ただ、韓国は日本と同じ死刑存置国とはいえ、一九八五年以後、死刑執行が一度も行なわれておらず、四人はいずれも事実上の無期刑になる可能性が高い。

二〇一四年に起きたもう一つの衝撃的な事件は、上官らの執拗な暴行が原因で被害者が死亡したために発覚した。被害者のY一等兵は、同年三月に部隊に配置された直後から過酷な暴行を受け続け、約一カ月後に死亡した。常習的な集団暴行に加え、歯磨き粉を食べさせられたり性器に外用消炎鎮痛剤の軟膏を塗られるなど、想像を絶するいじめが公然と行なわれていた。直接の死因は、食事中に胸と頭を殴られて起きた気道閉鎖による脳損傷だったが、倒れた後も仮病だと思われ殴られ続けていた。一等兵の体は痣だらけになっていたという。主犯のL兵長は、普通軍事裁判所（一審）を経た高等軍事裁判所の控訴審で「未必の故意」があったとして殺人罪が適用され、懲役三五年が確定して服役中だ。

相次ぐ不祥事で責任を問われた国防部は、二〇一四年八月に「軍死亡事故現況」という資料を発表している。軍の統計によると、〇四年からの一〇年間（一四年八月現在）に自殺した兵士は八二〇人。〇四年から〇八年まで年平均七二・六人だったのが、〇九年から一三年には八二・二人に増えていた。一週間に一人か二人は自殺していることになる。

沖縄での米兵犯罪を語るまでもなく、人格や人権を顧みない犯罪が軍隊で横行しやすいのは、暴力装置である組織がもたらす必然の結果なのだろうか。ベトナム戦争での韓国軍の犯罪を調べていて理解に苦しんだのは、入隊前まで普通の民間人だった彼らが残虐行為をする時の心理状態だった。いじめは「あいつは殴られてもかまわない」と思うことで正当化されるというが、戦場で同じ気持ちを持てば虐殺になる。武装した集団の心理ほど恐ろしいものはない。いじめのターゲットになってしまえば、自殺でもしない限り、Y一等兵のようにひたすら服従するか、I兵長のように身近にある武器で復讐するしか生き残れなくなるのではないか。

韓国軍はY一等兵致死事件を教訓にすることもできなかった。主犯のL元兵長が、収監中の国軍矯導所でも過酷ないじめを繰り返していたことが発覚し、更生プログラムなど無用の長物であることが明るみになるのだ。L元兵長は矯導所でY一等兵事件の主犯だと自ら名乗り、

「お前もあいつみたいな目にあいたいか」などと他の収監者を脅していた。

軍事法廷にも問題がある。師団級以上の部隊に設置される一審の普通軍事裁判所は、二人の判事（軍法務官、大尉・少佐）と一人の審判官（中佐・大佐）で構成されるが、法律の専門家でなくても任命できる審判官のほうが判事より階級が高く、公正な判決が下せるのか疑問視されている。軍事裁判所が出した資料によると、国防部および陸海空軍が任命してきた五三〇人の七割を超す三九七人（二〇一四年現在）が、裁判経験のない一般将校だった。また、国家人権委員会が一六年初めに発表した「軍捜査と司法制度の現況および改善法案の実態調査」によると、アンケート調査を実施した国軍矯導所の収監者九九人のうち六割以上が、軍司法警察および軍検察の捜査過程で、暴言など強圧的な尋問を受けたと答えている。

兵役拒否

はじめから軍隊に適応できないのが分かっているので、兵役を拒否する人も続出している。兵務庁の統計では二〇〇六年から一〇年間（一五年七月まで）の兵役拒否者数は五七二三人。毎年五〇〇人以上の若者が兵役に応じず収監されている。そのほとんどが、教義上の理由から人の殺傷に関する訓練を受けることができないキリスト教系新宗教「エホバの証人」の信者たちだという。

兵役法八八条は、「現役入営通知書」を受けた人が正当な理由なく入隊に応じなければ、三年以下の懲役に処すよう定めている。信者らは入隊に代わる社会奉仕などの代替服務を求め訴訟を起こしてきたが、すべて敗訴し、実刑判決を受けている。憲法で認められた思想、良心、宗教の自由に反するとして憲法裁判所に違憲審判も訴えたが、実刑判決は覆らなかった。憲法裁はその理由として、「南北が対峙する韓国特有の安保状況、代替服務制度導入時に発生する兵力の損失、兵役拒否が本当に良心に伴うものかの審査上の混乱、社会的世論が批判的な状態で代替服務を導入する場合の社会統合を阻害し、国家全体の力量に深刻な損傷を与える憂慮」を挙げた。

エホバの証人信者以外でも、同性愛者の入隊が話題になることがある。入隊すれば性的嫌がらせを受けるのは必至だが、それ以前に問題なのは、軍が同性愛者を精神疾患と見なし、除隊条件に精神科の診断を義務付けていることだ。こうした環境で兵役義務を果たすのは無理だと考え、カナダ滞在中に亡命申請をして難民の地位が認められた人もいる。

兵役拒否者を支援する市民団体「戦争のない世の中」で活動を続ける黎玉（ヨ　オク）氏に会い、現状を尋ねた。

「徴兵制を敷く国は減少傾向にあるけど、代替服務制度は広まっていないのが現実です。韓国の場合は兵役拒否者に必ず一年六カ月の懲役刑を課します。出所後は前科がつくため就職も

錬武台の新兵訓練（2006 年撮影）

不利になります。就職先に提出する履歴書に兵役経験を記入する欄があって、除隊していれば『軍必』、まだ入隊していなければ『未必』と示されます。兵役拒否者は未必になるわけで、その理由が知られたら採用は難しくならざるをえません。前科者は出所から五年間、国家試験を受けることもできません。

代替服務制度を実施したら、軍隊に行かなくなる若者が増えると心配する人がいますが、そんなことはありません。代替服務は通常の兵役の二倍くらい長く務めることになるといわれ、二年の兵役義務がある韓国なら四年も社会奉仕をさせられるので、多くの人はやろうとしないでしょう。兵役を拒否する人たちは反戦平和の信念に基づき行動しているだけです。彼らの悩みは、どういう形であれ、人を傷つける行為に関わることになることです。ベトナムでは民間人の虐殺があったというし、韓国はイラクやアフガニスタンにも派兵するようになりました。そこで彼らに行動の選択権はないのですから」

兵士になれば誰でも一度は考えるのが、人を殺すこと、そして戦死だろう。今年は終戦から七一年、朝鮮戦争の停戦協定から六三年、ベトナム戦争終結から四一年になる。戦争の記憶は韓国でもだいぶ風化しているが、今も朝鮮半島が休戦状態にあることに変わりはない。ベトナム戦争での経験から戦闘部隊の海外派遣に慎重な韓国だが、国益に関わる事態になれば、世論が派兵支持に傾くことは十分考えられる。その時、見知らぬ戦場に送り込まれる若い兵士たちに、人を殺すことと、自らが戦死することは現実のものとなる。

兵士の命の値段

韓国には国立ソウル顕忠院の他に、中部の大田（テジョン）市にも国立墓地がある。ソウルだけでは敷地が足りなくなるのを見越し、一九八五年に竣工させた。この国立大田顕忠院に葬られるのは主に公務中に殉職した人たちだが、ここにも戦死者の墓がある。黄海上の南北軍事境界線となる西海北方限界線（ＮＬＬ）付近で犠牲になった兵士たちの墓だ。二〇〇二年六月の第二延坪（ヨンピョン）海戦、四六人の犠牲者を出した二〇一〇年三月の哨戒艦「天安（チョナン）」爆沈事件、そして同年一一月の延坪島砲撃事件を合わせた五四人の兵士たちの墓石が立ち並ぶ。

二〇一六年三月二五日、ここで「西海守護の日」という式典が開かれた。NLLで犠牲になった兵士たちを祈念する、国が主催した初めての式典である。国防長官をはじめとした閣僚とともに式典に参加した朴槿恵大統領は、戦死した兵士たちの犠牲を決して忘れることはないと遺族たちの前で誓った。ところが、三つのうち第二延坪海戦の犠牲者六人は、処遇面では戦死扱いになっていなかった。当時の軍人年金法に「戦死」と「殉職」の区別がなく、殉職に準じる補償額しか支給されなかったためだ。

第二延坪海戦は、北朝鮮警備艇二隻がNLLを侵犯したことで発生した。緊急発動した韓国海軍のチャムスリ級哨戒艇三五七号が警告放送で侵犯を阻止しようとすると、北側の奇襲攻撃にあい、乗務員二九人のうち艇長を含む六人が被弾して死亡し、哨戒艇は沈没した。撃ち込まれた銃弾は二五八発に及んだという。北警備艇も韓国海軍の砲撃で大破して三〇人以上が死亡しており、休戦後に起きた最大の衝突となった。

哨戒艇三五七号はソウルにある戦争博物館に実物大のレプリカが展示されていて、被弾状態が正確に復元されている。実際に内部を見学すると、銃弾は操舵室を含む艇内の至る所を貫通しており、犠牲者が六人ですんだのが奇跡のように思えた。それは海戦そのものであり、彼らの死が戦死であることに疑いを挟む余地はない。

戦争博物館に展示される第２延坪海戦で戦死者を出したチャムスリ級哨戒艇 357 号のレプリカ

哨戒艇三五七号で犠牲になった兵士の死亡補償金は、下士官や将校は報酬月額の三六倍、一般兵士は中士（軍曹）の報酬月額の三六倍とされていた。同海戦で犠牲になったチャムスリ級哨戒艇三五七号の兵士で階級が一番上だった少佐の場合、五七四二万ウォンの死亡補償金と退職手当などを合わせた総額八一〇〇万ウォン（二〇〇二年のレートで約八一〇万円）、階級が一番下の兵士には四三〇〇万ウォン（同、四三〇万円）しか支給されていなかった。国のための犠牲にしては補償額が低すぎたことから、国防部が率先して募金を行なったものの、補償面で殉職扱いにされる限り法的には戦死者とは言えず、処遇を不満に思う遺族も少なくなかった。

こうした批判から二〇〇四年に国民年金法施行令が改定され、「戦死」と「公務上の死亡」

を区別し、戦死者の死亡補償金を、階級に関わりなく少佐の報酬月額の七二倍に引き上げた。その結果、戦死の場合、下士官で最大三億五〇〇〇万ウォン（二〇一〇年のレートで約二四五〇万円）、一般兵士で約二億ウォンの死亡補償金が支給されることになった。「天安」爆沈事件では、事件後すぐに北朝鮮潜水艦の犯行であることが分かり、犠牲兵士全員が戦死者として処遇されたので、平均で二億一〇〇〇万ウォン（同、約一四七〇万円）の死亡補償金が支給されている。

自衛隊の場合、公務上の死亡に「賞恤金」という弔慰金が支払われる。最高限度額は六〇〇〇万円とされ、米軍や韓国軍より高額だ。二〇〇三年の「イラク復興支援特別措置法」では、任務の危険度から九〇〇〇万円に引き上げられた前例もあるが、戦死を前提に補償額を設定するのは憲法上難しい。今後の海外派遣で戦死者が続出することがあれば、大幅な引き下げを考えざるをえなくなる。

第5章　対テロ戦争と集団的自衛権

ベトナム後の海外派兵

ベトナム派兵は韓国に政治経済両面で利益をもたらした一方で、参戦兵士に取り返しのつかない犠牲を強い、無数のベトナム市民が虐殺される悲劇をもたらした。何度も指摘してきたとおり、この問題は、派兵当時の韓国社会で省察される機会がなかったため、歴史解釈をめぐる対立を増幅させる結果を招いている。しかも、ベトナムの悪夢に蓋をしたまま、韓国軍の海外派兵は今も増え続けている。

ソウルオリンピック開催後、韓国が飛躍的に発展しだした頃、世界情勢もまた目まぐるしく変化していた。天安門事件（一九八九年六月）、ベルリンの壁崩壊（同年一一月）、ソ韓国交樹立（一九九〇年九月）、湾岸戦争勃発（一九九一年一月）、南北の国連同時加盟（同年九月）、ソ連邦解体（同年一二月）、中韓国交樹立（一九九二年八月）など、韓国をとりまく環境も一変した。

戦後続いた東西冷戦も終焉した。そのなかで韓国軍は、湾岸戦争に多国籍軍として参加したのをはじめ、国連加盟後にはソマリアで初めて国連の平和維持活動（ＰＫＯ）に参加。その他にも九〇年代末までに西サハラ、アンゴラ、東ティモールに平和維持軍（ＰＫＦ）を出している。

海外派兵の在り方を根本的に変えたのは、二〇〇一年九月一一日に発生した米同時多発テロだった。米国は事件から一カ月後に対テロ戦争の一環としてアフガニスタンに侵攻し、英国などが集団的自衛権を発動して参戦した。米国主導のアフガニスタンでの「不朽の自由作戦」に、韓国軍も空海軍の輸送支援団に加え、医療支援団（東医部隊）と建設工兵支援団（茶山部隊）を送り込んでいる。国連は同年一二月二〇日に首都カブールの治安維持のための国際治安支援部隊（ＩＳＡＦ）の編成を承認する安保理決議を採択するが、対テロ戦争は、国連ＰＫＯのＩＳＡＦとは別個の、米国と有志連合による個別および集団的自衛権に基づく多国籍軍による戦争だ。この対テロ戦争への参加を合法化する韓国国会の派遣同意案は、以下のような内容だった。

国連加盟国としてテロ行為根絶のための米国の行動を支援する国際的連帯に賛同し、世界平和と安全に寄与するのはもちろん、韓米同盟関係の強固な発展を図るため国軍部隊を派遣する。

カブール郊外に広がる墓地。内戦で夥しい数の犠牲者が出た（1997年撮影）

続く米英軍のイラク進攻（イラクの自由作戦）では、二〇〇四年九月に韓国陸軍・民事再建部隊の「ザイトゥーン部隊」がイラク北部のクルド人自治区に派遣され、その支援部隊として空軍の第五八航空輸送団「ダイマン部隊」が創設された。ザイトゥーン部隊は〇八年末の撤収まで延べ一万七七〇八人が派遣され、ベトナム後で最大規模の派兵となった。さらに〇九年には、ソマリア沖で頻発する海賊に対処するため、海軍で最初の戦闘任務が課された「清海部隊」が、連合海上部隊司令部（ＣＭＦＣＣ）指揮下の第一五一合同任務部隊（ＣＴＦ１５１）に加わった。同司令部は米第五艦隊指揮下にあり、事実上、米軍主導の任務を遂行している。

清海部隊はアラビア海でソマリアの海賊に乗っ取られた韓国船籍の三湖ジュエリー号に特殊

部隊を急派して救出したことで知られる。ペルシャ湾入口のオマーン湾、アラビア海、紅海入口のアデン湾を囲む一帯での警戒活動は、不朽の自由作戦が続いていた頃は「CTF150」の担当海域だったが、ソマリアの海賊対策として新たに用意されたのがCTF151だ。CTF150には「テロ特措法」で出動した海上自衛隊の補給艦も活動していた。憲法九条により武力行使ができない自衛隊は、非戦闘地域での燃料の無償提供をしていたが、韓国海軍同様、対米支援が目的だった。

一九九一年の湾岸戦争から始まった韓国軍の海外派遣は、延べ約四万五〇〇〇人。なかでもアフガニスタンとイラクが際立つ。アフガニスタンでは「アセナ部隊」が撤収する二〇一四年六月までに延べ五八二人が派遣され、イラクでは〇三年四月から〇八年一二月まで、ザイトゥーン部隊をはじめ延べ二万三〇八人が派遣された。そのうち国連PKOは約三〇〇〇人にすぎず、ほとんどが集団的自衛権を名分にした多国籍軍として参加している。対テロ戦争の参加は、北朝鮮と対峙する韓国が米韓同盟を強化する目的で決断されており、ベトナム派兵当時と事情はさほど変わっていない。

初の戦死者

ザイトゥーン部隊がイラクに派遣される三カ月前の二〇〇四年六月二二日、バグダッド西部のファルージャ郊外を巡察中の米軍が、東洋人とみられる男性の死体を発見した。死体には爆発物が仕掛けられ、首は切り落とされていた。その前日、カタールの衛星放送アルジャジーラが、「タウヒードとジハード団」を名乗るイラク武装グループが拉致した韓国人、金鮮一（キム　ソンイル）氏のビデオテープを公開していたため、韓国政府は対応に追われていた。金氏はイラク駐留米軍に食材を供給する軍納会社のアラビア語通訳だった。武装グループは殺害までに二四時間の交渉期限を提示し、韓国軍の撤収と追加派兵の撤回を主張していたのだ。しかし、国家安全保障会議を招集した当時の盧武鉉政権は、イラク派兵の原則に変わりがないことを明らかにし、武装グループの要求を突っぱねる。同時に潘基文（パン　ギムン）外交部長官（現国連事務総長）がアルジャジーラに出演し、韓国軍のイラク派兵が平和再建の支援であることを強調した。武装グループは韓国政府の反応を見越していたかのように、直ちに金氏の処刑を実施。オレンジ色の囚人服を着せられた金氏の後ろで「おまえらの軍隊はイラク人のためではなく、呪われたアメリカを喜ばすためにやって来た」と声明を読み上げ、肩を震わせむせび泣く金氏を斬首した。

盧武鉉氏は退任後に出版した回顧録『成功と挫折』で、テロリストの要求に屈するわけにはいかなかった苦渋の決断を、こう振り返っている。

金鮮一氏の死を知り「私のせいではないのか」という負担を感じました。しかし、あの地に向かった国はみな、莫大な犠牲を払っていました。国益のため国民を犠牲にできるのか、これは人間と国家の歴史で永遠に解いていかねばならない課題です。

さらに盧氏は、イラク派兵が米韓同盟を維持するためだったと同書で明確に述べている。

アメリカ人が記憶しているのは、朝鮮戦争当時にこの地に来て犠牲になった人たちです。自分たちが来て血を流しながら戦い、一緒に守ってくれた友邦の大統領として私に対するのです。外交で最も重要なのは、我が国民の認識と、その国の国民の認識です。アメリカ人は韓国にどんな感情を持っているのか、それが韓米外交の核心です。私たちがイラク派兵を拒否した場合、両国政府にも多くの困難が生じますが、アメリカ国民が抱くことになる残念な思いが、いずれ韓米間に多くの問題を生じさせることになりかねません。それは韓国が外交政策面でいかに自主的な選択をしているかという点とは別個の、現実的な問題です。イラク派兵問題は、当時もそうだったし、今考えても、歴史の記録には誤った選択として残るのだと思います。しかし、大統領を担う者として避けられない、不可避の選択だったと考えます。

米国が韓国に派兵を公式に要請したことは一度もない。イラク派兵の場合、米国務省副次官補が二〇〇三年九月に大統領府外交補佐官だった潘基文氏に個別に会い、派兵要請を伝えたとされる。例によって記録物は一切残していない。李明博政権でのアフガニスタンへの第二次派兵も、こうした「密約」で米国の意志が伝えられた。

しかし派兵不可避となると、韓国側は見返りを求めるようになる。イラクでは石油利権が俎上に載った。ところが、油田地帯は治安が悪く派兵先から除外され、兵站補給に有利な南部バスラにこだわる国防部と、治安がいいクルド族自治区の北部アルビルを主張する国家安全保障会議との間で対立が深まった。結局、ザイトゥーン部隊の派遣先は治安を優先してアルビルに決定するのだが、その四日後に追加派兵を警告する武装グループの脅迫ビデオテープが公開されたため、盧武鉉政権の衝撃はさらに大きなものとなった。

武装グループのタウヒードとジハード団とは、アフガニスタンを拠点にしたアルカイーダの分派組織で、フセイン政権倒壊後のドサクサに紛れてイラクに浸透し、自爆攻撃や外国人拉致で組織力を急速に高めていた。アフガニスタンでほぼ壊滅した国際テロ組織アルカイーダの後継者を自認する指導者のアブ・ムサブ・ザルカウィは、この事件から二年後に米軍の爆撃で死亡する。だが同組織は「イラクのイスラム国」に名を改めテロ活動を続けた。彼らはその後、「アラブの春」から始まるシリア内戦で勢力を伸ばすアルカイーダ系組織「ヌスラ戦線」を巻

バクラム空港近くの前線に向かう前に祈りを捧げるタリバン兵（1997 年撮影）

き込み、二〇一四年六月にアブバクル・バグダディを政教一致の最高指導者カリフとする、いわゆる「イスラム国（ＩＳ）」を宣言する。イラク西部とシリア東部を掌握した過激派組織ＩＳは、パリ同時多発テロを起こすなど、世界を対テロ戦争の泥沼に引き込もうとしている。

ザイトゥーン部隊の派遣を目前にした韓国人人質殺害事件から三年後の二〇〇七年二月、韓国軍に初めて戦死者が出た。場所はアフガニスタンの首都カブールから四〇キロ北のバグラムにある米軍基地。陸軍建設工兵支援団「茶山部隊」のユン・チャンホ兵長（当時二七歳）が自爆テロに巻き込まれ死亡した。同部隊は、多国籍軍の国際平和協力活動の一環でバグラム基地の飛行場補修や道路拡張工事などを任されていた。事件当時、バグラム基地を訪問していたブッシュ政権のディック・チェイニー副大統領を狙ったテロと考えられている。米国留学経験があるユン兵長は、建設会社就職後に遅れて軍に入隊しており、経歴を生かして同部隊に志願し、除隊を目前にして命を落とした。

さらに二〇〇七年七月、カブール南西のガズニ州で女性一六人を含む二三人の韓国人キリスト教関係者がタリバンに拉致される事件が発生した。一目で外国人とわかる多数の女性を含む外国人の団体が、まるで修学旅行気分でアフガニスタンを旅行していたというのだから驚きだが、その目的がキリスト教布教にあり、しかもタリバンの本拠地がある南部カンダハルに向かっていたことが分かり、韓国社会の危機意識の薄さが一気に露呈した。米軍はアフガニスタンからの撤収が決まっていた茶山部隊に代わる韓国軍の第二次派兵を求めていたが、相次ぐ事件で韓国の世論は悪化し、李明博政権はアフガニスタンへの追加派兵をためらった。その結果、ＩＳＡＦ指揮下「地域復興チーム（ＰＲＴ）」の警護に当たる「アセナ部隊」の派遣が実現するまで、拉致事件から三年の歳月を要した。

テロの原点、アフガニスタン

私はアフガニスタン紛争の取材をソ連侵攻時代から断続的に続けてきた。二〇〇一年末の米英軍のアフガニスタン侵攻から六年が経過し、治安が悪化していたパキスタン・アフガニスタン国境地帯の現状を探るため東京からイスラマバードに到着した日、たまたま韓国人拉致事件が発生し、アフガニスタンへの入国ができなくなった。しかし、現地の報道では韓国人拉致事件の扱いは非常に小さく、アフガニスタン・パキスタン国境地帯で頻発していた武装勢力によるテロ事件のほうがはるかに深刻な問題になっていた。そこで国境地帯のパキスタン北西辺境州（NWFP）の州都ペシャワルに移動し、関係者との接触を始めた。

オサマ・ビンラーデンを匿うタリバン政権の駆逐を目指した米英軍のアフガニスタン侵攻は、当初の予想に反し、わずか二カ月であっけない幕切れを迎えた。各地に散らばったタリバンやアルカイーダ指導層を追跡するテロとの戦いはその後も続いたが、米軍の圧倒的な軍事力を目の当たりにした国際社会は、アフガニスタン復興を楽観視した。ところが、イラクでテロが続発するとブッシュ政権の快進撃は止み、その影はアフガニスタンとその隣国のパキスタンでも大きくなっていく。

当時のアフガニスタンには、米軍を含む北大西洋条約機構（NATO）加盟国を中心とした多国籍軍からなる、三万五〇〇〇人規模のISAFのほか、テロとの戦いを主任務とする約八〇〇〇人の米軍が駐留していたが、二〇〇五年から死傷者が急増し始め、毎年増加の一途を辿っていた。NATO軍のなかでもカンダハルを主管するカナダ軍の被害が際立っていた。火の粉はパキスタンにまで広がり、タリバンに同調する勢力による自爆攻撃が頻発するようになる。

ＮＷＦＰの中でもアフガニスタン国境と接する一帯はトライバル・エリア（部族地区）と呼ばれ、アフガニスタンの多数民族でもあるパシュトゥーン族長老らによる排他的な自治が認められている。トライバル・エリアの中でも北ワジーリスタンは、ソ連侵攻時代にムジャヒディーンと呼ばれたアフガンゲリラ各派が本拠地を構えていた地域で、アラブ各地から集結した義勇兵が後のアルカイーダを生み出すテロの温床となった。私は一九八六年の段階でかなりの数のアラブ義勇兵を北ワジーリスタンで目撃している。タリバン政権崩壊後、この一帯は米軍に対するテロ攻撃の拠点に変貌する。

私がペシャワルに着く直前から、アフガニスタン駐留の米軍戦闘機が国境を越境して北ワジーリスタンへの爆撃を始め、多数の民間人犠牲者を出していた。トライバル・エリアの事情に詳しいパキスタン紙「ザ・ネーション」のシャミム・シャヒドゥ氏は、無法地帯と化した現地の混沌とした様子をこう説明した。

「ＮＷＦＰ州政府の要請でトライバル・エリア各地区を代表する四五人の長老が北ワジーリスタンに出向き、武装勢力との調停に乗り出したが、相手にもされなかった。南ワジーリスタンでは政府寄りの長老が首を切断された惨殺体で発見される有様だ。現地は完全な無政府状態にあり、他の地区でも武装勢力の影響力が強まっていくのは必至の情勢だ」

パキスタンのタリバン化を宗教指導者はどう考えているのか。ペシャワル旧市街にある代表的な神学校「ダルル・アルーム・サルハドゥ」の指導者ビノリ師に武装集団が増え続ける理由を尋ねると、こんな答えが返ってきた。

「イスラムの教えに自爆テロを正当化させる内容などない。彼らがいわゆるテロリストに変身していく過程には、宗教以前の問題があるのではないか。妙な例えに聞こえるかもしれないが、疫病患者が増え出し、疫病を撲滅するために患者を殺害するといっても、患者の親族が納得できるわけがない。それと同じことがトライバル・エリアで起きている。相互不信を解消しようとしない限り、事態を好転させる道は見えてこないだろう」

ある村からタリバン兵が迫撃砲を発射すれば、即座にその地域が空爆に曝され、結果的に民間人に犠牲者が出る。その犠牲者の家族がタリバンに加担する悪循環の繰り返し。米軍が侵攻したアフガニスタンとイラク各地で同じ現象が起き、それが一〇年以上も続いているのが、対テロ戦争の現実だ。それはベトナムで虐殺が起きた村の生き残りがゲリラ兵になっていった事情と変わらない。

イラクとアフガニスタンの二つの戦争の終結を公約に掲げて当選したオバマ大統領は、一度はイラクから完全撤退したものの、ＩＳの勢力拡大で治安が悪化すると、再び介入を余儀なくさた。しかし、国家ではないＩＳとの戦いに軍事力を背景にした戦略は通用しない。アフガニスタンでも二〇一四年にＮＡＴＯ主導のＩＳＡＦの任務が完了し、アフガニスタン治安部隊への権限移譲が完了したものの、タリバンの攻勢に加えＩＳの台頭も著しく、オバマ大統領は米軍の撤退を断念した。政権末期の二〇一七年初頭までに駐留米軍の規模を約五五〇〇人に削減させるが、首都カブール、バグラム米空軍基地、東部ジャララバード、南部カンダハル近郊の四拠点には米軍部隊を残す。

不朽の自由作戦（二〇〇一年一〇月～一四年一二月）とイラクの自由作戦（〇三年三月～一一年一二月）で戦死した米兵の数は、アフガニスタンで二三四六人、イラクでは四四七四人に及ぶ。アフガニスタンでの民間人犠牲者は、国連アフガニスタン支援ミッション（ＵＮＡＭＡ）が統計をとりだした二〇〇九年から二〇一五年までで二万一三二三人。イラクでは五〇万人になるとも言われる。さらにシリアでの死者数は二〇一六年三月現在で二七万人を超え、国外に逃れた難民は四八〇万人に達した。

こうした惨状から生まれたのは過激派組織のＩＳしかなく、その規模はさらに大きくなろうとしている。かつて米国務次官がベトコンとのゲリラ戦で「白人の地上軍」に勝つ見込みなどないと指摘したように、第二のベトナム戦争と化した対テロ戦争の出口は撤退しかないのかもしれない。

韓国軍派兵の法的根拠

韓国軍が多国籍軍に参加したのは、アフガニスタン、イラク、ソマリア沖の海賊警戒活動、アフガニスタン再派兵の四回。ベトナム戦争で多くの戦死者を出した教訓から、戦闘部隊の前線派遣にはいずれも慎重な姿勢をとってきた。安全な地域での再建活動を優先してきた結果、派遣経験がもっとも豊富なのは医務部隊と工兵部隊となり、多数の犠牲者を出してきた欧米軍からは「血を流さない軍隊」と皮肉られた。このため韓国国防部は、戦闘兵が必要とされる地域に部隊を派遣できる体制作りを考えるようになる。韓国には派兵に関する法律がなかったので、派兵のたびに国会の承認を受けねばならず、派兵地域の選定や部隊編成が遅れてしまうとに、軍は不満だった。また、派兵の根拠となる法律が憲法しかないため政治問題化しやすい。

その憲法の関連条項は三つある。

五条一項　大韓民国は国際平和の維持に努力し侵略戦争を否定する。

六条一項　憲法に基づき締結・公布された条約と一般的に承認された国際法規は国内法と同じ効力を持つ。

六〇条二項　国会は宣戦布告、国軍の外国への派遣または外国軍隊の大韓民国領域の駐留に対する同意権を持つ。

六条にある国際法規とは、具体的には国連憲章と米韓相互防衛条約を指す。つまり、国連決議あるいは集団的自衛権の行使を必要とする場合に限り、海外派兵は合憲と解釈され、そのうえで侵略戦争を否定（五条）しているのだ。さらに政府は、「派兵同意案」を国会に提出して事前に派遣の承認（六〇条）を受けなくてはならない。

国連憲章は、加盟国の個別的自衛権や集団的自衛権を「固有の権利」と認めている。一方の米韓相互防衛条約は、基本的に韓国に対する武力挑発に備えるための条約であり、その第三条には相互防衛の範囲を「当事国の行政支配下にある領土に対する太平洋地域での武力攻撃に対処」に制限している。アフガニスタンとイラクへの派兵は国連決議に基づくものではなく、韓国にとり集団的自衛権に該当するわけでもなかった。法的な裏付けはなく、あくまで米国の要請に沿う密約で派兵が実施されたことになる。

こうした不合理を打開するため、派兵関連法制定の動きが国会で活発になり、二〇〇九年末に「国際連合平和維持活動参加に関する法律案」（国連ＰＫＯ参加法）が可決された。同法の成立により、韓国軍は派遣規模が一〇〇〇人以下の国連ＰＫＯに限り、国会の同意前に政府が派遣地を選定し、部隊も編制できるようになった。国会承認の手順を簡略化したことから「迅速ＰＫＯ派遣法」とも呼ばれた。ＰＫＯ参加国で部隊派遣に国会の事前承認を必要とする国は約半数。ドイツをはじめヨーロッパ諸国でも、小規模兵力の派遣や緊急性を要するものは事後報告も可能だ。だが、大規模な派遣に関しては、逆に議会の歯止めを強化する傾向にある。

ただし国連PKO参加法は、安保理決議を伴わない多国籍軍には効力が及ばない。政府与党と軍が目指すのは、世論の反発が少ないPKOへの参加ではなく、米軍の要請に即応できる海外派兵法の制定、要するに六〇条二項の無力化にある。そのため発議された「国軍の海外派遣活動参加に関する法律案」（海外派兵法案）は、二〇一四年末に国会法制司法委員会に付託されているが、継続審議となったまま成立の目途はたっていない。同法案では、派兵の規模と期間は議会の同意が必要だが、多国籍軍や特定国家（派兵受け入れ国）の要請でも派兵が可能としている。韓国軍の活動範囲を広げようとしているのだが、派兵の定義が不明確で、法案の練り直しが求められている。

二〇一五年一〇月にワシントンで開かれた米韓首脳会談で、米韓両国は過激派組織ISへの対応でもパートナーシップを拡大することにしたという。朴槿恵大統領が踏み込んだ考えを示した背景には、中国寄りの姿勢に反感を強めていたオバマ政権の信頼を取り戻す思惑があった。しかし、この一言が命取りになる日が訪れるかもしれない。中東情勢が今以上に悪化し、米軍が地上部隊を派遣する事態となれば、韓国政府には首脳会談で言及した約束の履行が求められる。その時米軍が必要とするのは、後方支援や安全な地域での再建活動ではなく、血を流す戦闘部隊だ。

政府と与党が海外派兵法の制定を急ぐ理由は、もう一つある。同法案に含まれる国防交流協力、具体的にはアラブ首長国連邦（ＵＡＥ）への軍事協力が念頭にある。二〇〇九年末にＵＡＥのアブダビ首長国が行なった原発建設の国際入札で、輸出経験のない韓国が、本命とされたフランスのアレバ社や、日立製作所とゼネラル・エレクトリック社の日米連合をおさえて受注に成功し、原子力産業界を驚かせたことがある。企業家出身の李明博大統領のトップセールスが功を奏したと言われたが、契約にはさまざまな見返りが用意されていた。そのなかの一つが「ＵＡＥ軍事訓練協力団」だった。軍事教育を通じて両国間の関係強化を図るのが派遣の狙いである。アーク部隊と名づけられた軍事協力団は、一六年初めに派遣五年目を迎えたが、法律の裏付けがないため、毎年国会で派遣延長の同意を得ねばならず、長期的な軍事援助計画が立てにくい状況にある。派兵を経済的に利用しようとする意図が同法案から透けて見える。

日本では、安倍政権で憲法九条に基づいた武器輸出三原則を撤廃し、武器の輸出だけでなく、途上国援助（ＯＤＡ）による他国軍支援も解禁している。ここにも同じ狙いが潜んでいるようだ。軍人が傭兵の誹りを受けないためにも、法律で規制の歯止めを外すことには慎重であるべきだ。

戦争できる日本のリスク

憲法九条をもとに専守防衛に徹してきた日本。他国への攻撃に武力で反撃する集団的自衛権の行使を認める安全保障関連法案が二〇一五年九月に成立（一六年三月施行）し、戦後七〇年維持されてきた日本の在り方が根底から変わろうとしている。第二次安倍政権に入り、中国との尖閣諸島領有問題や北朝鮮の核・ミサイル問題の脅威が増大したことも追い風となり、憲法解釈を変えての法制化が強行された。

その安保関連法は、他国軍を後方支援するための恒久法（新法）の「国際平和支援法」と、既存一〇法を一括して改正する「平和安全法制整備法」の二本からなる。新法と「武力攻撃事態法」の改正を柱とする一括法により、自衛隊の海外での活動の幅は一気に広がった。韓国の派兵法に先んじて成立した安保法の内容と問題点を、改めて整理してみたい。

日本が武力攻撃を受けた事態を想定した個別的自衛権での対応をまとめた有事法制。その中心的な法律だった武力攻撃事態法は、集団的自衛権の行使を認める二〇一四年七月の閣議決定を受け、改正法にその内容が盛り込まれた。**改正武力攻撃事態法**には、閣議決定で示された「武力行使の新三原則」が反映され、日本と密接な関係のある他国が攻撃され、日本の存立が脅かされたり、国民の生命に明白な危険が生じ（存立危機事態）、他に適当な手段がない場合、集団的自衛権を使った必要最小限の反撃を認めた。しかし、存立危機事態の明確な判断基準は示されず、時の政権の総合的な判断に基づく「必要最小限度の自衛の措置」の範囲が、恣意的に広げられる可能性を残した。

存立危機事態での集団的自衛権を認めた改正武力攻撃事態法に加え、放っておいたら日本が攻撃されてしまう国の安全に関わる状況（重要影響事態）における対応を定めたのが、「**重要影響事態法**」だ。日本周辺の朝鮮半島などでの有事を想定した「周辺事態法」の対象地域を広げ、自衛隊の他国軍への後方支援を地球規模で実施できるようにさせた。また他国軍への弾薬供給や戦闘に向けた他国軍機への給油もできる。憲法が禁じる「他国軍の武力行使の一体化」につながる危険があると同時に、自衛隊が戦闘に巻き込まれるリスクも一段と高まった。

さらに**改正ＰＫＯ協力法**では、自衛隊員が武器を持ち、巡回や検問など現地住民を守る活動に参加できるようにした。離れた場所で襲われた他国軍や民間人の支援に向かう「駆けつけ警護」も可能になり、その際の武器の使用基準も、正当防衛に限定せず、警護を妨害する武力勢力の排除にも使えるようになった。また、ＰＫＯの参加に国会の承認は必要なく、必要な場合であっても事後承認を認めた。改正武力攻撃事態法と重要影響事態法においても、緊急時は例外的に国会の事後承認を認めることにした。

存立危機事態や重要影響事態とは異なり、日本の安全に直接影響はないが、国際社会の平和を脅かす戦争や紛争に対応すべき状況を「国際平和共同対処事態」とした。同事態で自衛隊に戦争中の他国軍への後方支援をできるようにしたのが、新法の「**国際平和支援法**」だ。日本政府はこれまで、アフガニスタン戦争のテロ特措法やイラク戦争のイラク特措法のように、事態ごとに期限付きの特別措置法を作って自衛隊を派遣してきた。だが恒久法である同法の成立により、活動範囲を非戦闘地域に絞ってきた従来の後方支援の考え方を改め、「現に戦闘が行われている場所」以外ならどこでも、切れ目のない常時派遣が可能になった。

しかし後方といっても、軍隊への補給活動は戦争行為に不可欠な「兵站」活動に当たり、「他国軍の武力行使の一体化」はここでも一層強まる。一方で自衛隊の派遣は、首相が活動内容などをまとめた「対処基本方針」を国会に提出し、国会が承認することが条件となる。承認・不承認の判断には十分な情報が必要だが、政府が特定秘密保護法を盾に事態認定の根拠となる事実を開示しないことも考えられ、そこで議論が尽くされるとは限らない。

この他にも安保法はさまざまな問題を抱えているが、兵士の立場から気になるのは「武器使用の緩和」と「他国軍の武力行使の一体化」ではなかろうか。ゲリラ戦となる対テロ戦争で、敵は正面から外国の精鋭部隊と戦ったりしない。標的にされやすいのは、むしろ輸送車列や警備が手薄な後方部隊だ。ベトナム戦争で民間人に紛れ込んだベトコンや、アフガニスタン戦争でソ連軍と戦ったアフガンゲリラがもっとも得意としたのも、待ち伏せ攻撃と後方部隊への奇襲攻撃だった。彼らは思いもよらない方法で攻撃を仕掛けてくる。兵站に打撃を与えて補給を妨害し、前線部隊の作戦能力を低下させるためだ。そこは「現に戦闘が行われている場所」以外などではなく、まぎれもない戦場だ。戦闘に巻き込まれる危険がないと言っても現場では誰も信じない。そして、そこでの武器使用は、自己保存の枠を超えた任務遂行のための手段、つまり戦闘行為になる。

そのうえでの武器使用の判断は、最終的には現場の兵士がするしかない。それが法的に戦闘行為でないというなら、一瞬の判断ミスで「殺人」になってしまった場合、兵士は個人的に司法の裁きを受けねばならなくなる。軍隊ならざる軍隊の自衛隊には軍法会議がないので、自衛隊員のプレッシャーはさらに大きなものにならざるをえない。

さらに問題なのが、改正PKO協力法で認められた駆けつけ警護だ。襲われた他国軍の救出に向かうということは、戦場に飛び込むことを意味し、死傷者が出るのは避けられない。政府が駆けつけ警護の実施を二〇一六年夏の参院選後に先送りしたのは、選挙前に「事件」が起きるのを避けたかったからだといわれる。

安倍政権が、憲法九条の解釈を変えてまで対テロ戦争に加わろうとするのは、日米同盟の強化に狙いがあるのは言うまでもない。念頭にあるのは、軍備増強を進め、海洋進出を活発化させる中国だ。安保法成立直前の二〇一五年四月に改定された「日米防衛協力のための指針」(ガイドライン)では、尖閣諸島が日米安保条約の範囲に含まれることが確認されている。日本の平和と安全を、平時から緊急事態まで切れ目なく確保するため、米軍の軍事力に頼ることにしたわけだ。

新ガイドラインに基づき、日米両国は自衛隊と米軍の作戦上の役割分担を協議する「同盟調整メカニズム」を設置させている。米韓同盟とは異なり、日米同盟では日米両国が独自の作戦統制権を持つため、有事における連合作戦の効率性が疑問視されていた。この問題を解消するため、米軍と自衛隊の一体化を進める共同運用の調整機構が必要になったといわれる。一九六〇年代に朴正熙政権がベトナム派兵を決断したのも、米韓同盟を強化して在韓米軍削減を阻止するためだった。軍事力で韓国を上回っていた北朝鮮の脅威に備えるには、米軍の軍事力に頼るしかないと考えたからである。安倍政権が対テロ戦争に加わる理由が中国にあるとするなら、日米同盟の重さに見合う相応の犠牲が求められる。

迎撃ミサイル配備の狙い

一九世紀に欧米列強に侵略され、二〇世紀に入り国威を回復し始め、二一世紀になりＧＤＰで日本を抜き世界第二の経済大国になった中国は、海洋進出にも積極的になりだした。その中国で数年前から語られ始めたのが「一帯一路」だ。一帯とは、中央アジアから西アジアにつながる旧シルクロードを結ぶ経済ベルト。そして一路は、南シナ海、インド洋、アラビア海を経て地中海に至る海上交通路を指し、その形状から「真珠の首飾り」とも呼ばれる。二つの壮大な構想を財政面で支えるアジアインフラ投資銀行（ＡＩＩＢ）も設立されている。陸の一帯だけでなく、海の一路を結ぶ広範囲な多国間の地域協力を通して、制海権を強めるのが狙いだ。

一路を確保するには、まず自国近海の東シナ海と南シナ海の防備が盤石でなくてはならない。中国は一九八二年、沖縄を起点に台湾、フィリピン、ボルネオに至る「第一列島線」を設定し、南シナ海各地で領有権を主張しだすようになった。インド洋に向かう自国の漁船や貨物船の保護を名分に、南シナ海に浮かぶスプラトリー（南沙）諸島やパラセル（西沙）諸島で滑走路などの軍事施設の建設を進めた。さらに二〇三〇年までに空母編隊を作り、第一列島線を東に突破して小笠原諸島からグアム、サイパン、パプアニューギニアに至る「第二列島線」まで制海権を広げ、太平洋での米国の影響力を抑えるのが最終的な目標とされる。その前段階の第一列島線上で中国の太平洋進出に立ち塞がっているのが尖閣諸島だ。尖閣が日米同盟に含まれたことで、中国の不法占拠という最悪の事態は免れたが、そのツケは米軍との一体化で払わされることになりそうだ。

米軍との一体化は、自衛隊より韓国軍のほうが進んでいる。韓国の場合、より切実な北朝鮮の核とミサイル問題が背景にある。

北朝鮮が初めてミサイルの発射実験をしたのは一九九八年八月。中距離弾道ミサイル（ＭＲ

ＢＭ）の「テポドン一号」が日本列島を横切り太平洋に落下した事実が明らかになり、日米ガイドラインの改定と周辺事態法の成立に発展した。二〇〇六年一〇月には最初の核実験が強行され、二〇〇九年三月の長距離弾道ミサイル「銀河二号」の発射実験へと続く。六カ国協議を拒否し続ける北朝鮮は、二〇〇九年五月に二回目の核実験、翌年には韓国海軍の哨戒艦「天安」爆沈事件を引き起こし、韓国を威嚇し続けた。金正日総書記死後、二男の金正恩が後継者になると事態はさらに深刻になり、二〇一二年一二月に大陸間弾道ミサイル（ＩＣＢＭ）の技術を応用した「銀河三号」で人工衛星（光明星三号二号機）を軌道に乗せ、二〇一三年二月に三回目の核実験、二〇一六年一月の四回目の核実験で水素爆弾の製造に成功したと主張したのに続き、同年二月にＩＣＢＭの性能をさらに高めた光明星四号の発射実験を強行した。

北朝鮮の一連の行動は、核保有国であることを既成事実化させると同時に、国連の対北朝鮮制裁や米国の経済封鎖を逆に国民の団結に利用し、金正恩第一書記の権威を高めることに狙いがあるようだ。核弾頭の小型化と大気圏再突入に必要なＩＣＢＭの技術はまだ開発段階にあり、差し迫った危機には至っていないが、このまま実験を繰り返せば、いずれ核兵器の保有は現実のものとなる。北朝鮮が核開発を断念しない以上、日米韓三国はミサイル迎撃しか防衛手段がないのが実情だ。

今ある迎撃態勢は、ミサイル発射後の上昇段階では、イージス艦から海上発射されるＳＭ３

中朝国境の鴨緑江沿いにある脱北者防止用のフェンス（2007 年撮影）

（スタンダードミサイル）が高度約一六〇キロ前後で撃墜し、失敗した場合は、下降段階に入る同程度の高度で地上配備型迎撃システム「高高度防衛ミサイル（ＴＨＡＡＤ〈サード〉）」、それも外れたら最後の手段として、射程約一五〜二〇キロのＰＡＣ３（パトリオットミサイル）などで着弾直前に迎撃する三段構えになっている。そのうち最新鋭のＴＨＡＡＤは、まだ日韓両国に配備されていない。米国はグアムと米本土に実践配備されているＴＨＡＡＤを、二〇一七年までに計六個砲隊まで増やす計画を立て、在韓米軍への配備も検討している。韓国政府は配備に反対する中国に配慮し、決定を先送りしてきたが、光明星四号の発射実験を機に態度を変え、配備に向けた米韓の公式協議が始まっている。

ロッキード・マーティン社が製作したＴＨＡ

ＡＤは、迎撃ミサイル、移動式発射台、高性能レーダーの「ＡＮ／ＴＰＹ２」、発射制御・通信所の四システムで構成される。そのうち中国が問題視しているのは、高周波数で波長の短いＸバンドを利用したＡＮ／ＴＰＹ２。最大一〇〇〇キロ先まで探知でき、韓国に配備されれば、中国東北部や北京など首都圏も監視圏に入る。中国は中朝国境地帯の長白山（白頭山）近くに、米軍の空母攻撃を想定した世界初の対艦弾道ミサイル（ＡＳＢＭ）「東風21Ｄ」を実戦配備したと伝わる。もちろん陸上への攻撃も可能なので、沖縄を含む日本全域の米軍拠点の打撃が可能となる。長白山周辺に配備した理由は、北朝鮮を越えた先の山岳地帯にあるため、奇襲攻撃に有利との判断からだと考えられている。だが、在韓米軍にＴＨＡＡＤが配備されれば、その戦略的効果は半減してしまう。

ＡＮ／ＴＰＹ２はすでに日本にも配備されている。長白山を軸にして扇を広げたような形の両端にある、青森県つがる市の航空自衛隊車力（しゃりき）分屯基地と京都府京丹後市の米軍経ケ岬通信所の二カ所から、日本海の先の北朝鮮を監視し続けている。安倍首相は光明星四号の発射を受け朴槿恵大統領と電話協議をし、在韓米軍のＴＨＡＡＤ配備を支持する考えを伝えたうえで、日米韓三カ国のミサイル防衛（ＭＤ）システムの能力強化を訴えた。在韓米軍にＡＮ／ＴＰＹ２が配備されれば、在日米軍とも情報共有され、迎撃態勢が強化されるためだ。と同時に、日韓双方の駐留米軍と一体化する自衛隊と韓国軍の連携も模索されることになるだろう。中国が配備に反対する本当の理由は、北朝鮮を口実にした日米韓の中国包囲網にあるようだ。

北朝鮮あっての武器売却

ただし、自衛隊が韓国軍と軍事情報を共有するには、第三国への情報漏れを防ぐ「日韓軍事情報包括保護協定（GSOMIA）」の締結が必要になる。同協定は四年前、韓国内で日韓軍事協定につながるとの批判が高まり、署名式三〇分前に白紙撤回されたことがある。韓国国防部の元補佐官で軍事評論家の金鍾大（キム　ジョンデ）氏は、拙速な交渉が行なわれた背景には米国があると指摘した。

「米国は韓国と日本の米軍司令部が分離していることを問題視している。北朝鮮がミサイルを発射すれば、朝鮮半島を過ぎるまでは在韓米軍、日本列島からは在日米軍が迎撃するが、作戦を引き継ぐ時間の余裕などあるはずがない。両司令部の指揮系統を統一し、韓国軍と自衛隊の連携も向上させたいのが米国の本音だ」

韓国側にも、同協定を締結させねばならない事情があった。韓国軍に有事の際の軍事作戦指揮権がなく、米軍の要請を受け入れざるをえないためだ。朝鮮戦争後、国連軍司令官が持つ韓国軍の作戦指揮権は、一九七八年に発足した「米韓連合軍司令部」に継承され、同司令官を兼務する在韓米軍司令官に委ねられた。平時の作戦統制権は九四年に韓国軍に移管されたものの、戦時作戦統制権は今も米韓連合司令部が握る。国防体制も米軍中心に整備するしかないのが現実だ。

実はこの米韓連合司令部、二カ国の軍隊で構成される事実上の多国籍軍司令部であり、米軍との一体化は今に始まったことではない。日米同盟調整メカニズムが目指すのも、同様の多国籍連合機能に違いない。

在日米軍と在韓米軍を分離する必要がない米国にとり、日韓に軍事連携がない現状は非効率以外のなにものでもない。その阻害要因となる韓国政府の反日政策にも一貫して否定的な態度をとってきた。慰安婦問題で「加害者と被害者という歴史的な立場は千年の歴史が流れても変わらない」と述べ、日韓対立を激化させた朴槿恵大統領も、米国で不興を買った。その朴大統領が態度を豹変させたのは二〇一五年末。元慰安婦を支援する財団を韓国が新設して日本が一〇億円を拠出するほか、ソウルの日本大使館前に設置された少女像の撤去に向け韓国政府が努力するなど、日韓最大の懸案になっていた慰安婦問題を自ら封印した。この唐突な方針転換の裏にも、日米韓の軍事連携を求める米国の働きかけがあったとされる。慰安婦合意からわずか九日後に水爆実験、その翌月にＩＣＢＭ発射実験が実施されたのは、決して偶然とはいえない。慰安婦合意以降、日韓関係がやや好転しだしたことから、日韓軍事情報包括保護協定の締結に向けた政治環境はほぼ整ったといえる。

一方の日本政府は、弾道ミサイル防衛（ＢＭＤ）の整備を二〇〇四年から進め、海上自衛隊のイージス艦四隻に搭載したＳＭ３と、全国に三四基ある地上配備型のＰＡＣ３の二段構えで北朝鮮のミサイルに備えている。安倍政権はさらに迎撃能力を高めるため、イージス艦を八隻体制にすることを決めた。一六年度予算案を含めたＭＭＤ関連予算は累計一兆五八〇〇億円になり、当初想定された予算の二倍以上に膨らんでいる。そこへＴＨＡＡＤを配備し、迎撃態勢を三段構えにすることまで検討しだした。在韓米軍への配備は米国の費用で賄われるが、自衛隊は防衛予算で購入しなければならない。ロッキード・マーティンがアラブ首長国連邦にＴＨＡＡＤを二式売却した時の契約総額は一九億六〇〇〇万ドル。一式購入するだけで少なくとも一〇〇〇億円以上かかる代物だ。あまりに巨額で、在韓米軍への配備が日本に売り込むデモンストレーションのように思えてくる。

世界最大級の航空宇宙軍需企業、ロッキード・マーティンが売り込みをかけるのは、ＴＨＡＡＤだけではない。二〇一九年から生産が始まる同社の次世代ステルス戦闘機Ｆ35Ａは、二〇二一年までに航空自衛隊に四二機、韓国空軍に四〇機売却される予定だ。Ｆ35Ａはソフトの不具合に伴う開発の遅れで単価が二〇〇億円近くに高騰しているという。配備計画が進めば、日韓合わせて八〇〇〇億円を超す大型商談となる。毎年「軍備・軍縮年鑑」を発行するストックホルム国際平和研究所（ＳＩＰＲＩ）の最新の統計によると、米国は一五年までの過去五年間に九八カ国に武器を輸出し、取引額は世界最大の三三％を占める。軍事的緊張が高まれば、戦争にならなくても米軍需企業が潤う構図は昔と変わらない。

北朝鮮の暴発的なミサイル発射に備え、軍拡を続ける中国の抑止力にもなるという点から、迎撃ミサイルの配備はコストが度外視されている。それにしても、高すぎはしないか。しかも、ミサイル迎撃は拳銃で撃たれた二つの弾丸を衝突させるより難しいといわれ、決定的な防衛手段にはならない。そもそも、北朝鮮が自滅に直結するミサイルを発射する可能性は限りなく小さい。かといって金正恩体制の崩壊を期待してみたところで、米中に挟まれた複雑な地政学的理由から、六〇年以上続いた休戦体制は今後も数十年続くと展望される。朴槿恵大統領が口にした「統一大当たり」論は空想の世界に近い。

結局、北朝鮮の挑発的な軍事行動で間歇的に緊張が高まり、その度に、朝鮮有事を想定した膨大な無駄遣いが延々と繰り返されることになる。そして、米軍と一体化していく自衛隊と韓国軍の兵士たちは、知らぬ間に無縁の対テロ戦争に送り込まれているかもしれない。

［主な参考資料］

The Pentagon Papers, Gravel Edition, Volume 4 (Beacon Press, 1971)

亀山旭『ベトナム戦争』岩波新書、一九七二年。

陸井三郎編訳『ベトナム帰還兵の証言』岩波新書、一九七三年

William A. Buckingham, Jr. Operation Ranch Hand (Office of Air Force History, 1982)

ディビッド・ハルバースタム／浅野輔沢訳『ベスト&ブライテスト』サイマル出版会、一九八三年。

朴根好『韓国の経済発展とベトナム戦争』御茶ノ水書房、一九九三年。

中村悟郎『戦場の枯葉剤』岩波書店、一九九五年。

島川雅史『アメリカの戦争と日米安保体制』社会評論社、二〇〇一年。

松岡完『ベトナム戦争』中公新書、二〇〇一年。

中村悟郎『母は枯葉剤を浴びた』岩波現代文庫、二〇〇五年。

白井洋子『ベトナム戦争のアメリカ』刀水書房、二〇〇六年

蔡命新『ベトナム戦争と私』八福院、二〇〇六年。

Army Suicide Event Report (Suicide Risk Management & Surveillance Office, 2007)

「海外派兵関連法・制度の国際比較」国会立法調査処学術研究委託最終報告書、二〇〇八年

半田滋『「戦地」派遣』岩波新書、二〇〇九年。

鈴木滋「メンタル・ヘルスをめぐる米軍の現状と課題」国立国会図書館調査及び立法考査局、二〇〇九年。

反戦イラク帰還兵の会／アーロン・グランツ『冬の兵士』岩波書店、二〇〇九年。

盧武鉉『成功と挫折』ハッコジェ、二〇〇九年。

Michael F. Martin, Vietnamese Victims of Agent Orange and U.S.-Vietnam Relations (CRS Report for Congress, 2012)

伊藤正子『戦争記憶の政治学』平凡社、二〇一三年。

金鍾大『危機の将軍たち』メディチメディア、二〇一五年。

柳澤協二『亡国の集団的自衛権』集英社新書、二〇一五年。

参与連帯政策資料「国軍の海外派遣活動参加に関する法律案の合法性に対する意見」参与連帯、二〇一五年。

高暻兌『1968年2月12日』ハンギョレ出版、二〇一五年。

その他、「新東亜」、「月刊朝鮮」、「ハンギョレ21」、「合参」など。

●資料

国軍の海外派遣活動参加に関する法律案

（宋泳勤議員代表発議：二〇一三年六月四日）

第一条（目的）

この法律は大韓民国国軍の海外派遣活動に参加する派遣部隊と個別の派遣要員の派遣や撤収などに関する事項を規定することにより、海外派遣活動において より迅速に対処して積極的に参加し、国際平和の維持と造成、国家の安全保障、国防交流協力に貢献することを目的とする。

第二条（定義）

この法律で使用する用語の意味は以下の通りである。

一 「海外派遣活動」とは、軍が海外に国会の同意を受け派遣し遂行する活動のうち、次の各項目のいずれかに該当する活動をいう。

(ア)多国籍軍派遣活動：国際連合安全保障理事会が採択した決議または国際社会の支持や決議により、地域安保機構または特定国家主導で構成された多国籍軍に所属して遂行する紛争解決、平和定着、再建支援をはじめとする諸活動

(イ)国防交流協力のための派遣活動（以下「国防交流協力派遣活動」という）：特定国家の要請により非紛争地域に派遣し遂行する教育訓練、人道的支援及び災害救助をはじめとする諸般の非戦闘国防交流協力活動

二 「個別派遣要員」とは、海外派遣活動を支援または参加するため個人単位で海外に派遣された軍人（派遣部隊に属す兵士は除く）をいう。

三 「国軍派遣部隊」とは、海外派遣活動に参加するため海外に派遣される国軍部隊をいう。

四 「災害」とは、「災難及び安全管理基本法」第三条第一号による災難（テロ行為を含む）により発生する被害をいう。

第三条（基本原則）

① 政府は海外派遣活動を推進することにおいて、侵略的戦争の否定、国際法の遵守、国家安全保障

の義務遵守、国会同意手続きなど大韓民国憲法の原則を遵守し、国際法を遵守し、国軍派遣部隊と個別の派遣要員はこの法により付与された権限と業務の範囲内で誠実に任務を遂行しなければならない。

② 政府は海外派遣活動に必要な民・官・軍の協力、平和的な軍事活動のための制度整備、国軍派遣部隊と個別の派遣要員の法的地位の保証に関する諸措置に努力しなければならない。

第四条（他の法律との関係）

① 国軍の海外派遣活動に関する事項は、この法が優先的に適用される。ただし、「国際連合平和維持活動参加に関する法律」による国際連合平和維持活動は除外される。

② この法律により多国籍軍として派遣活動を遂行中の国軍の派遣部隊と個別の派遣要員が、国際連合の決定により国際連合平和維持軍に転換される場合は「国際連合平和維持活動参加に関する法律」が適用される。

第五条（海外派遣活動参加の決定）

① 国際連合、多国籍軍または特定国家が海外派遣活動に大韓民国の参加を要請すれば、国防部長官は国軍部隊の派遣に関する事項をあらかじめ検討しなければならない。

② 政府は国軍部隊の派遣のため該当国または地域に調査団を派遣し、現地情勢、安全状況など現地の全般的な要件を把握してこれに関する報告書（以下「調査活動報告書」という）を作成しなければならない。

③ 政府は国務会議の審議と大統領の裁可を経て、この法律で定めた海外派遣活動に国軍部隊を派遣するかどうか、派遣の目的、規模、期間、任務について決定する。

第六条（国軍部隊派遣の国会同意）

① 政府が海外派遣活動参加のために国軍部隊を海外に派遣するには事前に国会の同意を得なければならない。

② 政府は第一項により国会で派遣同意案を提出す

るときは、次の各号の事項を添付しなければならない。

一　調査活動報告書

二　派遣地

三　国軍部隊派遣の必要性

四　国軍派遣部隊の規模

五　派遣期間

六　国軍派遣部隊の任務

七　その他、国軍部隊派遣と関連した資料として大統領令で定める事項

第七条（国軍部隊の派遣）

① 政府は第六条の同意を受け海外派遣活動のために国軍部隊を派遣する場合、国際連合、多国籍軍や特定国政府などと緊密に協議し、国軍部隊の派遣が迅速に行われるように努力しなければならない。

② 国防部長官は海外派遣活動に参加する国軍派遣部隊の形と規模を判断し、派遣業務に関する細部指針及び手続きを用意して施行する。

第八条（派遣期間の延長）

① 政府が国軍派遣部隊の派遣期間を延長するには、事前に国会の同意を得なければならない。この場合、国会に提出する派遣延長同意案に関しては第六条第二項を準用する。

② 第一項により延長期間は一年以内とする。ただし、政府は派遣業務の性格上、必要と認める場合には、二年の範囲で最初の派遣期間または派遣期間の延長を国会に要請することができる。

③ 第二項の但書により派遣期間を延長する場合、政府は派遣期間一年が経過した時点で派遣に関する事項を国会に報告しなければならない。

第九条（派遣の終了）

政府は次の各号のいずれかに該当する場合、国軍派遣部隊の派遣を終了しなければならない。

一　国軍派遣部隊が派遣任務を完遂した場合

二　派遣期間終了前に国軍派遣部隊をこれ以上維持する必要がないと判断する場合

第一〇条（派遣の終了要求）

① 国会は国軍派遣部隊の任務や派遣期間が終了される前でも、議決を通じて政府に対して派遣の終了を要求することができる。

② 政府は特別な事由がない限り第1項による国会の派遣終了要求に従わなければならない。

第一一条（国会への活動報告）

政府は毎年定期国会に国軍派遣部隊の具体的な活動成果、活動状況、任務終了及び撤収等変動事項を報告しなければならない。

第一二条（不利益処分の禁止）

誰であっても海外派遣活動に参加している軍人と参加した軍人に海外派遣活動の参加を理由に不利益な処分をしてはならない。

第一三条（教育及び訓練）

国防部長官は海外派遣活動に参加する軍人が素養と資質を整えるのに必要な教育と訓練を実施しなければならない。

第一四条（手当てなどの支給）

政府は海外派遣活動に参加する軍人に対し派遣地域の勤務環境や遂行任務を考慮し、関係法令で定めるところにより手当てを支給することができる。

第一五条（事故予防及び災害防止）

政府は国軍派遣部隊所属の軍人及び個別の派遣要員の身辺安全保護及び事故予防のための総合対策と災害防止対策を樹立・施行しなければならない。

第一六条（政策協議会の設置・運営）

① 海外派遣活動に関する政府政策の効果的な執行、関係省庁間の協力や調整のため、国防部に海外派遣活動の政策協議会（以下この条で「政策協議会」という）を置く。

② 政策協議会は議長一人を含めた一〇人以内の委員で構成し、国防部長官が議長になる。

③ 政策協議会に関連の中央行政機関の高位公務員で構成される実務推進委員会を置き、国防部次官が実務推進委員会の長となる。

④ その他、政策協議会と実務推進委員会の構成及び運営に必要な事項は大統領令で定める。

著者紹介

裵　淵弘（べ　ヨンホン）

1955年東京生まれ。ジャーナリスト。ＡＦＰ通信社東京支局とＡＰ通信社ソウル支局写真記者、『サンデー毎日』編集部記者などを経て独立。著書に『サムスン帝国の光と闇』（旬報社）、『中朝国境をゆく』（中公新書ラクレ）、『朝鮮人特攻隊』（新潮新書）、訳書に『平壌の水槽』（ポプラ社）、『景福宮の秘密コード』（河出書房新社）などがある。

韓国軍と集団的自衛権—ベトナム戦争から対テロ戦争へ

2016年6月10日　初版第1刷発行

著　　者　裵　淵弘
装　　丁　佐藤篤司
発 行 者　木内洋育
発 行 所　株式会社 旬報社
〒112-0015 東京都文京区目白台2-14-13
TEL 03-3943-9911　FAX 03-3943-8396
ホームページ http://www.junposha.com/
印刷製本　シナノ印刷株式会社

ISBN978-4-8451-1467-2